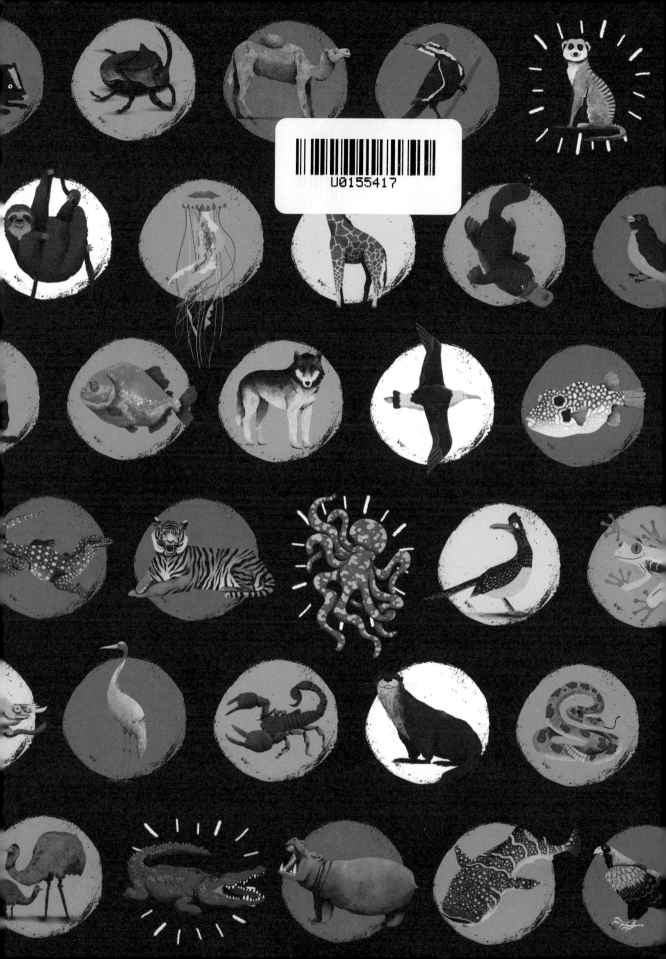

EXPLORE YOUR WORLD: WEIRD, WILD, AMAZING!

动物有意思

给孩子的野生动物大书

〔澳〕提姆·富兰纳瑞 著　〔澳〕萨姆·考德威尔 绘　刘可澄 译

中国友谊出版公司

图书在版编目（CIP）数据

动物有意思：给孩子的野生动物大书 /（澳）提姆
·富兰纳瑞著；（澳）萨姆·考德威尔绘；刘可澄译
.-- 北京：中国友谊出版公司，2020.11
书名原文：EXPLORE YOUR WORLD: WEIRD, WILD,
AMAZING!
ISBN 978-7-5057-4979-5

Ⅰ.①动… Ⅱ.①提… ②萨… ③刘… Ⅲ.①动物—
儿童读物 Ⅳ.① Q95-49

中国版本图书馆 CIP 数据核字（2020）第 165881 号

著作权合同登记号　图字：01-2020-4958

Original Title: Explore Your World: Weird, Wild, Amazing!
Text copyright © 2019 Tim Flannery
Illustrations copyright © 2019 Sam Caldwell
Design copyright © 2019 Hardie Grant Egmont
First published in Australia by Hardie Grant Egmont

书名	动物有意思：给孩子的野生动物大书
作者	［澳］提姆·富兰纳瑞
绘者	［澳］萨姆·考德威尔
译者	刘可澄
出版	中国友谊出版公司
发行	中国友谊出版公司
经销	新华书店
印刷	北京东方宝隆印刷有限公司
规格	787×1092 毫米　16 开
	16 印张　205 千字
版次	2020 年 11 月第 1 版
印次	2020 年 11 月第 1 次印刷
书号	ISBN 978-7-5057-4979-5
定价	138.00 元
地址	北京市朝阳区西坝河南里 17 号楼
邮编	100028
电话	（010）64678009

提姆·富兰纳瑞（Tim Flannery）

澳大利亚科学院院士，世界知名科学家，探险家，生态环境保护者，畅销书作家。

曾供职澳大利亚及多个国际知名机构，担任南澳大利亚博物馆馆长、哈佛大学澳大利亚研究客座主席和澳大利亚博物馆杰出研究员等。

他毕生大部分时间都在研究自然世界——从哺乳动物学到古生物学——并在这一过程中经历了一些不可思议的冒险，包括在鳄鱼出没的河流上漂流。他发现了75种新的动物物种，有些还活着，还有一些作为化石保存下来。

著有30多本书，获奖作品有《天气预报员》（*The Weather Makers*，2006）、《在地球上》（*Here on Earth*，2010）、《希望的大气》（*Atmosphere of Hope*，2015）、《动物有意思：给孩子的野生动物大书》（*Explore Your World: Weird, Wild, Amazing!* 2019）。

他还常年担任国际上多家电视台、网络媒体、平面媒体等的特邀顾问、点评专家或嘉宾，包括澳大利亚广播公司广播网（ABC Radio）、美国国家公共电台（NPR）和英国广播公司（BBC）等。

所获荣誉

- 艾奇沃思·大卫动物学杰出研究奖
- 为澳大利亚科学服务的联邦百年奖章
- 澳大利亚树袋鼠文学研究基金会科林·罗德里克奖（1996）
- 第一位向全国发表澳大利亚日演讲的环境科学家（2002）
- 澳大利亚年度人文主义者（2005）
- 新南威尔士州年度澳大利亚人物（2006）
- 澳大利亚年度人物（2007）
- 新南威尔士州总理最佳批判性写作文学奖和年度最佳图书奖（《天气预报员》，2006）
- 美国兰南非虚构文学奖（2006）
- 《纽约时报》畅销书作家（《天气预报员》，2006）
- 摩纳哥圣查尔斯勋章
- 莱迪奖（2010）
- 澳大利亚科学院院士（2012）
- 杰克·P. 布莱尼对话奖（2015/2016）
- 澳大利亚儿童文学环境奖、澳大利亚儿童读物委员会伊芙波纳尔奖（《动物有意思：给孩子的野生动物大书》，2020）

目录

前言

自我记事起，我便对动物及化石有着浓厚的兴趣。最早的记忆是在我4岁那一年，当时我在家附近一条无人的街道上玩耍，一个邻居家着火了，在事发现场我发现了一块融化的玻璃。我笃定地认为那就是恐龙大脑的化石。童年时期，我最喜欢探索海边的岩池①，将手指伸进海葵中。海葵将我的手指吸进去，当它们意识到无法吞下后，又会吐出来。我享受这种感觉。

我在澳大利亚墨尔本的郊区长大，在我家周围，并不经常见到奇异生物。在我8岁的时候，有一天我走在退潮的沙滩上，看到了一块奇怪的岩石，表面刻有印记。我想这不是一块普通的石头，就把它带到了当地的图书馆，图书管理员又让我将其带到博物馆。

博物馆的入口令人惊叹，大门的高度足以容下一头暴龙！进入之后是一个宽敞的大厅，摆满了生物标本。

不可思议！

大厅的一侧有一道小门，上面写着"游客"字样。我敲了敲门，博物馆的保安走了出来，询问我想要做什么。我向他展示了那块奇怪的石头，然后他便走开了。过了一会儿，一个身穿白色外套的男人走了过来，示意让我跟着他。我们沿着大阶梯上了楼，穿过一道道高门，来到了一条黑暗的走廊中。我能依稀辨认出地上摆放着一个埃及木乃伊的石棺，以及一些巨大的骨头。转了个弯，我们来到了一个长长的大厅中，那里堆满了灰色的钢制柜子。

白衣男人打开了其中一个柜子，拉出抽屉，从里面拿出了一块石头，这和我的石头竟一模一样。他告诉我："这是拉文海胆，是已灭绝的海

①岩池（rock pool），亦可称为潮池（tide pool），位于海岸旁，地形较低，满布岩石。涨潮时，海水会涌进岩石之间。退潮时，残留在岩石间的海水会形成多个水池。——译者注

胆的化石残骸，在我家附近的岩石堆中很常见。"他认为这块化石大约有1000万年的历史。听完之后我肃然起敬，接着他问我："你对恐龙感兴趣吗？"

对于恐龙，
我不仅是感兴趣，我简直是
痴迷。

白衣男人将海胆化石放了回去，又打开了另外一个抽屉。他说："把手伸出来。"然后，他把一块奇怪的、尖尖的石头放在了我的手上，"这是帕特森角爪，是恐龙足部的爪子，也是在维多利亚州发现的唯一一块恐龙骨骼。"

我捧起帕特森角爪，兴奋得说不出话。对我来说，了解化石是一个重大的里程碑，在此之后，我发现我可以通过想象来探访神奇生物居住的国度。

在接下来的日子里，我在发现第一块海胆化石的海湾中学会了浮潜和深潜。在水下，我见过覆满了奇特化石残骸的礁石。我记得在一个冬日午后，海水清冽，我在海底发现了一段鲸的下颌骨化石，长度

几乎和我的身高一样。还有一天，我碰巧在浅滩中发现了巨齿鲨的牙齿化石。我想象自己徜徉在古老的菲利普港湾，与巨大的鲨鱼和鲸共舞。

我至今不知道博物馆中的白衣男人到底是谁，他可能也不会知道，他的举动点燃了我对化石的巨大兴趣！当我更大一些的时候，我开始在博物馆担任志愿者，清理化石并将它们归类。把灭绝生物的骨骼捧在手中，将覆盖在化石周围的岩石凿掉，这种感觉是无与伦比的。在清理化石的过程中，我意识到我是第一个看着它们重见天日的人。我想寻找它们的起源，所以我和我的表亲一同前往距墨尔本150公里的帕特森角，即帕特森角爪被发现的地方。

我们发现了恐龙墓地！

低硬度的恐龙残骸在风化后变得难以辨认，我们只能看见化石的横截面。在恐龙生活的年代，维多利亚州地处南极附近。澳大利亚著名的古生物学家汤姆·里奇毕生寻找着恐龙化石，他的研究揭示了一个光怪陆离的世界，在那里居住着大眼睛、长着羽毛的恐龙，它们在冰冷严寒的环境中繁衍生息。

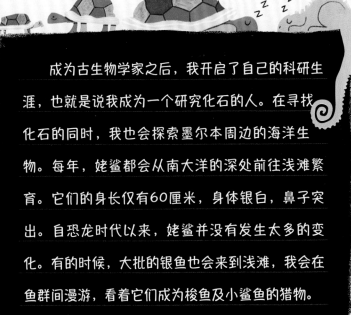

成为古生物学家之后，我开启了自己的科研生涯，也就是说我成为一个研究化石的人。在寻找化石的同时，我也会探索墨尔本周边的海洋生物。每年，姥鲨都会从南大洋的深处前往浅滩繁育。它们的身长仅有60厘米，身体银白，鼻子突出。自恐龙时代以来，姥鲨并没有发生太多的变化。有的时候，大批的银鱼也会来到浅滩，我会在鱼群间漫游，看着它们成为梭鱼及小鲨鱼的猎物。

随着年龄渐长，我扩大了野外探索范围。我曾去过澳大利亚的沙漠以及大堡礁，在那里，我遇见过储水蛙、赤大袋鼠以及美妙的珊瑚。在26岁时，我在研究袋鼠的进化的同时，加入了前往巴布亚新几内亚的探险之旅。在巴布亚岛东部3000米的高山之上，我发现了近1米长的老鼠，以及差不多大小的沙袋鼠，这两种生物都是科学上的新发现。

我最终成为一名哺乳动物学家，也就是研究哺乳动物的人。我在悉尼澳大利亚博物馆担任哺乳动物部主任这一职位达20年之久。我探访过印度尼西亚东部至斐济之间的大多数岛屿，发现了有袋类动物、老鼠及蝙蝠的新物种。在我离开这个职位之时，我已经进行了26次前往澳大利亚北部岛屿的探险之旅，新发现了30多种现生的哺乳动物，包括4种树袋鼠，它们归于新几内亚本土最大型的哺乳动物之列。在此过程中，我为新几内亚7种大型有袋动物中的6种命名，包括体型较大的沙袋鼠，以及一种与熊猫一般大、类似袋熊的生物，在45000年前，人类刚到这座岛屿时，它们就已经栖居在这里了。

为了研究我发现的这些动物，我去了美国和欧洲，并在当地的博物馆中工作。对于我来说，从澳大利亚前往美国需要一笔不小的开销，而且费时费力，幸运的是，美国自然历史博物馆的工作人员给了我一张24小时通行证。晚上待在博物馆里是一件很酷的事情，不过也有些惊悚！

后来，我对气候变化产生了兴趣，并且成为澳大利亚的气候特派员。我自称进化生态学家，因为生态环境受进化过程的影响会发生变化，而我对此有着浓厚的兴趣。比如说，数千年以前，澳大利亚是大型有袋类动物的家乡，它们通过饮食方式影响着当地植被的生长，转而影响着山火发生的次数——它们吃了很多会引起火灾的植物。

当你以一名进化生态学家的思维方式思考时，你会注意到神奇的事情。在澳大利亚，我见过有的树木仍会长出刺，以防止它们的叶子被大型有袋类动物吃掉，但其实这些有袋类动物在千年前就已灭绝。我知道，不起眼的带有条纹的蛙类祖先源起于1亿年前的非洲，而它们曾经横穿跃过现在已经消失的超级大陆冈瓦纳。

当你以一名进化生态学家的思维方式思考时，这个世界将变得富饶而神奇。

如果你对动物和自然感兴趣，你不必等到长大后才开始探索。眼下便有许多可以让你马上探索大自然的方式，比如你可以在博物馆里或者在一次挖掘中担任志愿者，或者参与一项公民科学项目，例如青蛙ID①。你也可以在附近的岩池或者池塘边立即展开你的研究。如果你决定亲自进行研究，你需要详细地记录笔记，并将笔记送到博物馆或者大学中，交由专家检查。

你或许会以为，世界已经被探索得差不多了，其实并不是这样的。世界上还有许多哺乳动物以及其他生物等待我们去发现。而且对于深海中所藏有的多样性，我们所知的不过皮毛。

如果你知道要寻找什么，那么大自然就近在眼前。

在海滩漫步是一件有意思的事情，你永远不知道潮水会带给你什么惊喜。岩池、溪流和池塘都生机盎然。不过在探索的时候，记得注意安全！如果你生活的地方附近没有海滩，你可以在公园或者后院中探索大自然。在土壤和植被中，你都可以发现生物，包括小鸟和昆虫。博物馆以及海洋馆是了解大自然最好的去处，而动物园和自然保护区，甚至本地的公园都是极好的与动物接触的场所。

如果你对化石感兴趣，那么可以留心身边的岩石，即使是用于建筑的石头也经常会嵌有化石。要格外留意奇形怪状的石头，它们或许是古老的贝壳化石，只不过被采石场的锯子锯成了几块。如果你真的发现了什么，那么拍张照片吧。如果石头不大而且便于携带（比如说一块沙滩鹅卵石），那么你可以将它带到当地的博物馆。大部分博物馆都会提供鉴定服务。

在我小时候，我经常希望有一本书能够为我讲述地球上最奇怪的生物。这也是我正努力为你创作的这本书的内容。我希望你感觉阅读此书本身就是一趟伟大的冒险旅程，我也希望看完这本书后，你会对探索美好而神秘的世界产生向往。

①青蛙ID（Frog ID）是澳大利亚博物馆的研究人员开发的一款应用程序，可以记录野生蛙类，并提供蛙类种群与分布的相关数据。——译者注

一些概念

气候变化

　　人类释放进入大气层的污染物质引起了地球上气候的变化。燃烧煤炭、天然气及石油所排放出的温室气体，比如二氧化碳，导致了地表、海洋及大气中的气温升高。如果你生活在寒冷的地方，这或许听起来是一件好事，但是全球变暖会给地球上的生命带来许多负面影响。比如说，温度升高意味着某些地方的水域会缩减；海洋变暖意味着海水中生物的食物和氧气都会减少；海平面上升，降雨出现变化，大气变暖，栖息地完全消失，这些都导致了物种的生存受到威胁，甚至走向灭绝。

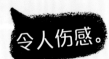

令人伤感。

进化

　　"进化"这个词语描述了动植物一代代的演变过程。生物的每一代均由个体组成，而这些个体之间都存在着细微差异，比如说有一些个体体型更大，或者毛发颜色更鲜艳。在大自然中，动植物繁育的数量是大于环境可承受的数量的。这意味着在它们各自的环境中，表现得最好的个体更有可能存活下来。比如，体型更大、颜色更鲜艳的动植物存活概率更高，那么新一代动植物将会由更多体型大、颜色鲜艳的个体组成。经过一代又一代的进化，"自然选择"会带来巨大的变化，于是新的物种就产生了。

栖息地

栖息地囊括了动物在陆地上、海洋中和天空中的居所，全球各地的栖息地之间存在着巨大差异。沙漠异常干旱，苔原非常寒冷，而雨林是极为稳定的栖息地（夏季与冬季的温差极小）。随着动植物的进化，它们会更好地适应各自的栖息地。在本书中，我将栖息地分为四大类：水域、天空、森林，以及沙漠或草原。每一大类都涵盖了许多不同的栖息地，不一而足。

化石

化石是生活在过去的动植物的残骸。你或者任何生物成为化石的概率都非常小，也许只有十亿分之一！成为化石的首要条件是动植物的残骸掩埋于沉积物内，比如沙子或者泥土。如果条件合适，在数万年后，沉积物会变成岩石，而残骸亦会石化，或者以其他形式被储存起来，如同经过了影印一般（比如一个脚印）。

常用名 (vs) 学名

动物与植物都有两个名称：一个常用名和一个学名。物种的常用名就是你平时所知道的名字，它们在不同的国家有着不同的叫法。比如说，wolf是英语中狼的常用名，但是在西班牙语中，狼一般被称作lobo。在其他语言里，狼还有许多不同的名字。但是，狼的学名只有一个。也就是说，当使用学名时，一位说英语的科学家和一位说西班牙语的科学家是可以相互理解的，即便他们完全不懂对方的语言。

学名由两部分组成。比如说，狼的学名是 *Canis lupus*。第一部分 *Canis* 是属名，亲缘相近的动植物会共用一个属名，像亚洲胡狼的学名就是 *Canis aureus*，第一部分也是 *Canis*。但是属名与种本名的组合是独一无二的，狼的种本名 *lupus* 便是拉丁语中"狼"的意思。

科学家使用"近危""易危""濒危"等术语来描述物种灭绝的可能性。当物种的最后一个个体死亡时，这个物种便灭绝了；如果一种动物是濒危动物，这表示仅有非常少量的个体仍在存活，而且可能很快就会灭绝；如果一种动物被划入了易危等级，这表示这个物种在未来极有可能成为濒危动物；而如果它们被划为近危等级，这表明它们在未来极有可能成为易危动物。

环境保护

　　环境保护就是保护大自然，爱护其中所有的植物与动物。环境保护是每个人都应该参与的事情。政府通过建造国家公园，对乱扔垃圾者及环境污染者进行罚款等措施，为环境保护添砖加瓦。科学家通过研究如何帮助不同的物种，在环境保护中扮演了重要角色。你也可以成为一名环境保护者，比如参加植树活动，为小鸟筑造家园。

动物种类

　　我们依据动植物的进化形态为它们进行分类。比如说，动物可以被分为脊椎动物和无脊椎动物。动植物的外观并不足以让你分清它们的种类。有的时候，外表是会误导人的。隼（sǔn）虽然与鹰及鸢（yuān）长相相似，但其实它与鹦鹉的关系更为亲近。鹦鹉与隼都被分在了一个名为Austroaves的组别中，意思为"南方的鸟类"，因为它们都源自南半球。

保护自然，就是保护自己！

水域

水母

请系好安全带！

你或许偶然遇见过被冲到沙滩上的水母，如果运气更好些的话，或许还看到过优雅地漂荡在水中的水母。水母是极致美丽与出奇黏滑的曼妙结合体，它们除了拥有如此异乎寻常的外表，还有一些奇异的习性。为什么有的生物叫"鼻涕水母"？僵尸水母真的存在吗？如果你感到好奇，那么坐稳了，我们来一探究竟！

在哪里可以看见水母？

不论你住在世界的哪个角落，只要附近有大海，你就很有可能见到水母。

完美的名字

虽然水母的英文名中含有"鱼"这个单词，但它们其实和鱼类完全没有关系，反而与海葵和珊瑚有着亲缘关系。在英语中，你可以称它们为jellyfish，或者简称jellies。

水母属于刺胞动物门，因为大部分水母及其亲属动物都带有尖刺，就像荨麻植物一样。

哎呀！

每一种水母都有正式学名，其中大部分也有常用名。这些常用名就像是它们的昵称，与它们的特殊属性十分相称。

▶ **皇冠水母**，又称花椰菜水母，它们拥有长长的、如波浪起伏的触手，就像花椰菜那一朵朵蓬松的小花球。

▶ 在水里的时候，**鼻涕水母**与正常水母形态无异。但是当被冲到沙滩上后，它们身体的不同部位便软化成了非常恶心的样子，看上去像是一大摊黏糊糊的鼻涕。

▶ **煎蛋水母**的身体中间有个像蛋黄的金色突起，周围环绕着浅色圆环，看起来像是蛋白。它们凝胶状的质地也与鸡蛋相似，不过更有弹性一些。

▶ **花笠水母**像是一顶色彩斑斓的大帽子。

体型是关键，
小·至花生米，大至钢琴

1厘米

▶ **伊鲁坎吉水母**是世界上最小的水母。最小的仅有1厘米长，大约是一粒花生米那么大。

▶ **狮鬃水母**是世界上最大的水母，体重可接近1000千克，如同两台钢琴的重量。它们的触手数量庞大，看上去就像是狮子乱蓬蓬的鬃毛。

水域 ●

古时候的水母

水母化石是人类发现的最古老的动物化石之一。5.5亿年前，海洋中出现了许多不同种类的生物，在此之前，水母或许独占了辽阔的海洋。与其他生物共享海洋似乎并没有压缩水母的生存空间，它们持续地以惊人的速度进行繁殖。

大型水母的崛起

葡萄牙战舰水母（僧帽水母）和**长长的带刺的线状水母**或许看起来与普通水母无异（是的，它们都是真实存在的），但其实它们是由一堆不同的生物组成的，就像是一群小朋友躲在大衣里假扮大人一样。这些生物被称作"个员"，它们共同协作，就像是一只独立水母一样。它们各自有着不同的分工，包括捕食、消化和防御敌人。这些巨型水母可达45米长，约为篮球场①的1.6倍。

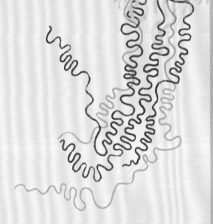

①原文为"板球场的2倍"，为了方便理解，这里改为篮球场。——编者注

动物有意思：给孩子的野生动物大书

走近海胡桃

海胡桃听起来不像是一个普通的水母名字，但它们小小的身体上有许多隆起的肿块，所以看上去与胡桃非常相似。而且，海胡桃生活在海洋中，所以这个名字再贴切不过了！

海胡桃在出生的13天后便开始产卵，每天的产卵量高达1万颗。显然，这项工作让它们十分忙碌，但它们仍能按时吃饭。海胡桃的胃口好得惊人，每天能吃下自身体重倍的食物。在一天之内，它的体积就能翻番，毕竟食物不能白吃呀。

海胡桃最酷的一点在于就算你将它们切成几块，也能阻止它们长大的步伐。每块黏糊糊的胶状生物会成长一只独立水母，它们在两三内就能各自生存了。

没开玩笑！

别尿在我身上！

一些水母的触手中含有强力毒液。**伊鲁坎吉水母**个头虽小，但它们的蜇（zhē）刺比塔兰图拉狼蛛厉害1000倍。即使只是稍稍地碰到**箱水母**的触手，你也会病入膏肓。如果你的皮肤接触到了它长达5米的触手，你可能会在4分钟内甚至2分钟内死去。

你或许听说过，如果被水母蜇伤了，需要让人在伤口上尿尿，以缓解疼痛。但这其实是无稽之谈，我们没有任何理由将伤口浸泡在尿液中。如果你被水母蜇伤，请尽快求助医生。依据不同种类的水母，食用醋或许能在短时间内有助于疼痛的缓解。

水母长生不老吗?

当然!

当环境不景气、食物减少时，水母有一种神秘的力量——反向生长。它们会用身体缩小、减少食物摄入量的方法来维持生命。当食物充裕时，它们会重回正常大小，但这并不是所有水母避免死亡的方法。

▶ **海月水母**可以生长出全新而完整的身体部位，它们还能缩小年龄，随时变回婴儿状态。想象一下，如果人也能这样，那该是一幅什么样的景象!

▶ 有一种水母是真的长生不老。当它"死亡"时，身体会开始腐烂，就像普通尸体一样。但是接下来，神奇的事情发生了。它腐烂了的身体部位会重新组成一个水母宝宝。在"死亡"5天内，新的水母宝宝就诞生了。这个时间并不漫长。这种水母就是**僵尸水母**，想必这个名字不会让你感到惊讶，毕竟还有比这更贴切的名字吗?

▶ 水母不是半途而废者，许多水母在死后依然能蜇伤别的生物。它们不是故意的，只是因为它们的触手中仍含有大量毒液，当被触碰时，毒液依然会被释放。

水域 •

气候变化与水母

气候变化对于地球上的大部分生物来说都是一个坏消息，但对水母或许有好处。这是因为气候变化会导致海水温度升高，水中氧气含量减少，某些物种会难以生存。但水母所需的氧气量较少，所以这对它们没有太大影响。热带水母，比如讨人厌且毒性巨大的**伊鲁坎吉水母**的生活范围极有可能变得更大了。

水母或许还能够加速气候变化，它们的粪便与黏液富含碳元素，可供细菌呼吸，这大概是最恶心的事情了。虽说细菌并不都是有害的，有些细菌甚至还非常有用，但是这种特殊的细菌会排出大量的二氧化碳。

水母会大量地吃掉能够从海洋及大气中吸收二氧化碳的生物，比如浮游生物。浮游生物的大批量减少意味着海洋中二氧化碳的大幅增加，这会加速气候的变化。

想了解更多有关气候变化的知识? 翻到第8页!

太阳能水母

太平洋帕劳群岛中的一座小岛上，居住着成群的**黄金水母**，它们的居住地有一个贴切的名字——水母湖。这些水母每天都会跟随太阳的运动轨迹，从湖的一端漂至另一端，保证自己在太阳的光照范围内。它们为什么要这么做呢？当然不是为了美黑。这种水母身上寄宿着一种从阳光中汲取能量的藻类。水母带着藻类追随阳光，而作为交换，藻类会为水母提供食物与能量。

在英语中，一群（水母）可以用a smack、a bloom或者a swarm来表示。

敲响警钟！

警报水母住在海洋的深处，那里一片漆黑，还有各式各样的奇怪生物。深海中的许多动物都能发光，让自己在黑暗中的生活更容易些，警报水母也不例外。但它们与众不同的一点在于，其他动物发光是为了捕食，而警报水母发光是为了避免被捕食。受到攻击时，警报水母便会开始表演：旋转、跳跃、发出光芒。这场奇幻的表演会吸引来更多的捕食者，听上去并不妙，一群捕食者难道比一个捕食者更安全吗？警报水母的计划当然自有逻辑！它们知道新来的捕食者极有可能会捕食最初的攻击者，它们便有了逃脱的机会。

狡猾！

哪里都有水母吗？

在其他物种怯于前往的环境中，水母也能繁衍生息。人类使用潜水设备才能在水下呼吸，而部分水母使用它们的身体就能进行呼吸！它们通过伞状体吸入氧气并存于体内，就像我们大吸了一口气然后屏住呼吸，这使得它们能够游到含氧量更少的水域，而不会缺氧。

水母基本可以在海洋中的任何地方生存。除了海洋，有几种小型无刺水母还能在淡水中生存。所以，没错，地球基本被水母挤满了！

水母 vs 每个人

水母很可爱，小型水母看起来像一顶浴帽，人畜无害。但是别被骗了，它们可是会让你惹上大麻烦的！

▶ 谁是赢家，是水母还是渔船？一只普通大小的水母或许造成不了什么伤害，但是当一大群巨型水母被渔网网住时，它们的重量足以把船掀翻。这里说的并不是普通小船，曾经有一艘9000千克的拖网渔船就发生过类似情况。

▶ 水母随着海水经常会被吸入核电站的冷却系统中。部分核电站曾在一天内清除了136000千克的水母后，才得以正常运转。也就是说，上百万只水母会挤入机器，黏住管道，使得机器停运。这很恶心，但也很震撼！

▶ 在菲律宾，水母曾是断电的罪魁祸首。一天晚上，约有50辆卡车负载量的水母被吸入了电力厂的冷却系统，电厂动力全失，人们陷入真正的失明恐慌中。因为在黑暗里，人们什么也看不见。

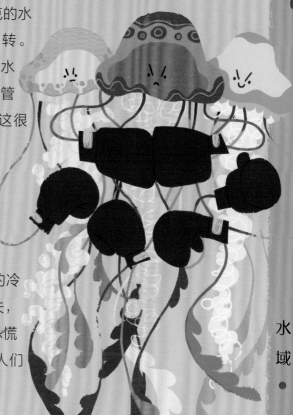

水域

谁饿了？

有些水母完全不需要进食，它们依靠皮肤来吸入水中微小的营养物质。大部分水母也不需费力地捕食，它们漂荡在水中，拖在身后的触手如同一张大网，捕获猎物。但不是所有水母都愿意等待猎物自动送上门！不同种类的水母有着不同的捕食技巧。

▶ **箱水母**是唯一一种有眼睛和脑子的水母！它们是非常聪明的猎人，在追捕鱼蟹时，速度飞快。

▶ **澳大利亚斑点水母**对付浮游生物自有一套狡猾的策略。它们会往水中射入一种将海水变得浓稠的特殊泡沫，让浮游生物无法行动。当猎物行进速度缓慢时，它们便滑荡过去，饱食一餐！

水母如何移动？

水母通过颤动伞状体在水中驱动自己前进。当伞状体颤动时，水母的身体前方会产生一股负压力，拉着它们向前移动。而且，它们前进时的动作非常催眠。

食人鱼

食人鱼（正规中文名为锯脂鲤或脂鲤）在巴西土著语言图皮语中是"牙齿鱼"的意思。食人鱼的笑容令人害怕，难怪人们以这个特征对它们进行命名。食人鱼生长在淡水湖泊及河流中，包括亚马孙河。它们也常常出现在人们的噩梦中——害怕游泳时被食人鱼生吞活剥。虽说它们确实是凶猛可怖的猎手，会被鲜血的味道吸引，不过比起品尝你的脚趾，它们其实更偏好其他食物——一些让你吃惊的食物。

胆小鱼

食人鱼虽然有着锋利的牙齿，但仍要面对众多更大型、更凶猛的捕食者，比如短吻鳄的亲戚凯门鳄。食人鱼在群体行动时会更有安全感，所谓人多势众嘛。

是鱼还是狗？

为了吓退捕食者，红腹锯脂鲤会发出吠叫声。

在哪里可以看见食人鱼？

食人鱼生活在南美洲。

英语中，一群（食人鱼）可以用 a shoal 来表示。

食人鱼吃什么?

食人鱼以喜欢吃肉而闻名，但植物也是它们饮食中常见的一部分。一些食人鱼还是素食者呢!

▶ 种子、坚果和河苔草都是食人鱼的美味零食。

▶ 食人鱼的肉类猎物通常包括蠕虫、甲壳动物、蜗牛、鱼类，以及在水里发现的动物和鸟类尸体。

▶ 如果周围食物不多，食人鱼便会同类相食!

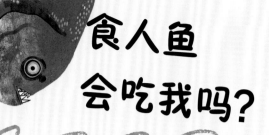

食人鱼会吃我吗?

食人鱼当然不会拒绝食用人肉，但它们只吃死人肉或者临死之人的肉。比如人类或水豚，这类大型动物只有在死亡或者受了重伤时，才会成为食人鱼的猎物。如果周围食物稀少，而你又拖着正在流血的脚，哗啦啦地踩入满是食人鱼的河流，那么你很有可能会被它们咬上一口。换句话说，人们在有着食人鱼的河流里游泳，通常不会出现血流成河的景象。

嘎吱!

蒙图下锯脂鲤追捕猎物时速度飞快，倒霉的猎物还未看清捕食者，就被狠狠咬上一口。不过它们想吃的不是猎物的肉，而是鱼鳞。蒙图下锯脂鲤会撞击猎物，剥除鱼鳞。在它大口咀嚼时，被吓坏了的（少了几片鱼鳞的）猎物得以转身逃走。

美味!

鱼鳞

团队合作，实现梦想

红腹锯脂鲤善于分享! 它们总是一起出动捕食，埋伏于水下植物中，静待向毫无防备的猎物发起攻击。当其中一条食人鱼发现了美食，它会通知其余伙伴，让大家聚集过来，轮流享用晚餐。不过食人鱼在用餐时，并不都是那么彬彬有礼的。如果在饥饿时捕获了猎物，它们会激烈地快速摆动身体，互相搏斗，疯狂抢食。

水域

蛙和蟾蜍

蛙与蟾蜍比你想象的还要类似，它们都是两栖动物，并共用一个学名 *Anura*，在拉丁语中是"没有尾巴"的意思。拥有光滑皮肤的无尾两栖类动物通常被称为蛙，而皮肤长疣（yóu）的则被称为蟾蜍，两者都属于无尾目。蛙和蟾蜍其实比它们的外表看上去更为凶狠。你知道吗，有一种蛙能通过头部的尖角向进攻者注入毒素。还有一种蛙会折断自己的骨头，用作武器。这些只不过是现代物种，远古的蛙和蟾蜍甚至能与恐龙幼崽争斗一番！

在哪里可以看见蛙？

除了南极洲，其他大洲均有蛙的存在。

在英语中，一群（蛙）可用 an army 表达，一群（蟾蜍）可用 a knot 表达。

大与小

最小的蛙是**阿马乌童蛙**，长仅7.7毫米，如一粒豌豆般大小！

最大的蛙是**非洲巨蛙**，体长30厘米，重达3千克，如人类新生儿的重量一般，不过它的身上更为黏稠。

水
域
●

我和动物的小故事

前些日子，我在新几内亚一个非常偏远的村庄中工作。有一天，一个女子带来了一只与晚餐盘一般大的巨蛙，放在了我面前的桌上。巨蛙一动不动，我还以为它已经死了。突然，它没有任何预兆地从桌上跳到了我的胸口，胳膊正好环绕着我的颈部，像是给了我一个大大的"蛙抱"。村里的每个人都尖叫了起来，他们以为我受到了这只巨蛙的袭击，而我却笑弯了腰。这只蛙就像个大婴儿，我把它拎了起来，放回桌子上，它立刻就跳走了。

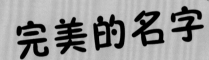

完美的名字

▶ **火箭蛙**的鼻子尖尖的，就像是火箭飞船的尖端。而且它们也能像火箭一样发射。澳洲火箭蛙最高能跳4米高！

▶ **钟角蛙**，又称吃豆人蛙，它的下颌极宽，就像是著名电脑游戏中的黄色小人，所以便有了这个名字。它们与吃豆人[1]一样，会争先恐后地吞下猎物！

▶ **委内瑞拉鹅卵石蟾蜍**的皮肤凹凸不平，呈现鹅卵石的色泽。当这种居住在山中的蟾蜍受到威胁时，它们会蜷缩身体滚下山坡，就像一颗松动了的鹅卵石。

▶ **红艳箭毒蛙**，又称**小恶魔蛙**，通体亮红，如动画片中恶魔的颜色，它们带有大量毒液。

▶ **苔藓蛙**的皮肤满布绿色肿块与斑点，就像是一小块覆盖了苔藓的石头！

▶ **玻璃蛙**的皮肤是全透明的，可以看见它们体内所有器官的运作情况。

▶ **刚毛蛙**，又称**金刚狼蛙**，后腿附近长着如头发般的毛发，有点像金刚狼蓬松杂乱的鬓角。除此之外，它们和漫画角色一样，能够折断自己的骨头，使骨头从足部皮肤中刺出，以保护自己。一旦威胁消除，它们便将骨头收回体内，开始自愈疗伤。

不可思议！

①《吃豆人》（Pac-Man）是一款最早于1980年在街机上推出的游戏。——编者注

蛙食

蝌蚪食用植物，成年的蛙类和蟾蜍则是肉食动物。只要嘴巴能装得下，几乎所有的昆虫及动物都会成为它们的盘中餐，包括体型更大的猎物，比如老鼠、鱼类、其他蛙类，甚至小型的蛇类，它们非常勇敢！

为什么蛙类在进食的时候经常眨眼睛呢？那是因为它们的眼睛可以收回头中，在眨眼的时候，它们的眼球有助于推动食物进入喉咙。

够酷的！

蛙卵大冒险

蛙和蟾蜍通常会直接将卵产于水中，但有时也会将蛙卵产于浮在水面的植物上。蝌蚪孵化后，会从植物上滑落到水中。

巧妙！

▶ 在日本，雌性**森林绿树蛙**会产出类似蛋白的液体，并使用后腿将其搅打成浓稠的泡沫。然后，它们会把泡沫制成棒球大小的泡沫球，以保护所有的蛙卵，直至孵化。

▶ 在很多动物看来，蛙卵就像是美味的零食，但**红眼树蛙**卵并不如外表那般脆弱。如果小蝌蚪感受到捕食者的威胁，便会在蛙卵中奋力扭动身子，并释放出一种特殊的化学物质。这种物质能够使它们破壁而出，提前孵化，潜入水底。

气候变化

栖息地的气候与水位的变化都让蛙和蟾蜍更难生存。哥斯达黎加的**金蟾**或许已经因为气候变化灭绝了。

必须要成为蝌蚪吗

负子蟾略过了蝌蚪的阶段——当它们从卵中蹦出时，已经发育成型。雌蟾每次能产下100多颗蛙卵，并将它们嵌入自己宽阔平整的背部。当蛙卵即将孵化时，幼蟾会撕开雌蟾背部孔洞的皮肤，从洞中钻出！幸运的是，雌蟾背部的孔洞稍后便会自愈。

一只蛙会
杀死你吗？

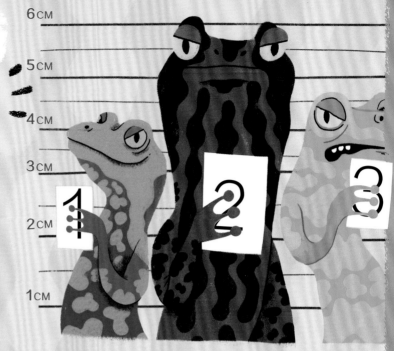

蛙类看起来挺可爱的，所以你或许认为它们不会带来危险。但你错了！有些蛙带有毒性，甚至能带来致命的后果。**致命！**

▶ **黄金箭毒蛙**的毒性足以杀死10个成年人。

▶ 有些蛙自身不产毒，但它们会食用大量有毒的昆虫，并使用昆虫的毒进行自我保护。

▶ 许多毒蛙颜色鲜艳，带有复杂的花纹，这是为了警告捕食者：如果你吃我，就等着接受可怕的惊喜吧（比如疼痛与死亡）。

▶ **格林胄（zhòu）蛙**的头骨上长有骨刺。它们会主动出击，用骨刺将毒液注入敌人体内，而不是等待对方吸收它们皮肤上的毒液。

古老的食恐龙者

蛙和蟾蜍已经以不同的种类存在于世界上近2亿年了，人们在马达加斯加便发现了古老蛙类的骨骼化石，这个种类被称为魔鬼蛙或**地狱魔鬼蛙**。它们大约生活在7000万年前，是一种大型的、具有侵略性的捕食者，它们甚至可能吃过恐龙幼崽！

我和动物的小故事

有一次，我在澳大利亚中部的沙漠中露营，遇到了暴风雨。在下雨前，雷声轰鸣。我的营地位处极为干燥的沙丘上，我却听到了蛙的叫声。你或许会想：沙漠那么干旱，怎么会有蛙类呢？其实有些种类的蛙会将自己埋在沙子里进行长时间的休息，直到天降甘霖。肯定是因为它们在睡梦中被雷声吵醒了，才会发出声音。天亮前下了一场大雨，沙丘底部形成了一片湖泊，湖里全是蛙！

水域

鲸

老实说，鲸的体型有时会大得吓人。不过别害怕，虽然它们是海洋中最大型的动物，但大多数鲸只喜欢大口咀嚼小小的食物，比如磷虾。鲸有着曼妙的歌喉、莫名有用的粪便，以及一大堆怪异的身体器官，包括巨大的头部和前颌的牙齿。如果回到过去，鲸甚至还长着四肢！

季节性旅行者

灰鲸是哺乳动物中迁徙距离最长的动物。它们往返于阿拉斯加附近的夏日觅食区与墨西哥海岸附近的繁殖区，每年迁徙距离达到惊人的16000公里。

在哪里可以看见鲸？

为了寻找进食和交配的合适气候，鲸频繁迁徙，所以从南北极附近的冰冷海域到热带海岸，你都能看到它们的身影。

在英语中，一群（鲸）可以用 a pod、a gam、a plum 以及 a herd 来表示。

抹香鲸

潜水冠军

抹香鲸可以为了寻找一只巨型鱿（yóu）鱼而潜入1000米深的海里，一次待上一个半小时不换气。它们杰出的潜水能力或许与一种被称为鲸脑油的神秘物质有关。抹香鲸的大脑中充满了这种物质，因此，人们认为抹香鲸正是借助鲸脑油才拥有上浮或下潜的能力。

大头 VS 大脑

露脊鲸的头部格外巨大，占据了它们身体的1/3。但它们的大脑并不是最大的，**抹香鲸**的大脑才是动物世界中最大的。

水域

是独角兽吗？

雄性**一角鲸**的前额上有一道长长的尖刺，它们就像是海洋里大大胖胖的独角兽！虽然头上的尖刺看起来像一只角，但那其实是样子可笑的牙齿。这种特殊的前额牙齿最长能达2.5米。科学家也不知道为什么一角鲸会长出这样的牙齿，这或许能够吸引异性，又或许是一种武器吧。不管是为什么，一角鲸看起来都像是魔法故事中的角色。

歌唱巨星

鲸可以发出巨大的声音。**齿鲸**与**须鲸**发出的声音并不相同，它们发声的原因也有区别。

▶ 齿鲸能发出多种声音，包括嘀嗒声、哨声、叮当声和呻吟声。它们会通过这些声音与同类进行沟通，以及在海洋中寻找路径。齿鲸的嘀嗒声能够在海洋中远距离传播，若在传播途中撞上了任何东西，比如鱼类或者石头，声音就会反弹回它们自己身上。当它们听到被改变了的回音后，就能识别被声音撞上的东西。这就是回声定位，像是在通过声音为海洋绘制地图。

▶ 许多须鲸，包括雄性**蓝鲸**与**弓头鲸**，都因能唱出复杂美妙的歌声而闻名。雄性**座头鲸**便是最著名的几首"鲸歌"的演唱者，它们也是世界上发出最大声音的动物。其他鲸在几百公里外就能听见它们的歌声。鲸唱歌的原因还是一个谜，但极有可能与交配相关。

站着睡觉

抹香鲸不需要太多睡眠，每次睡7分钟便足够。它们通常会完全垂直地漂浮在距海面较近的地方睡觉。

水疗日

弓头鲸与**白鲸**会使用岩石来去除身上堆积的死皮。它们会在粗糙的石头表面摩擦自己的身体，甚至还会费一番工夫寻找多岩石地带，不惜千里迢迢，只为享受一次舒服的擦洗。

鼻涕研究

阿嚏

从鲸的鼻涕中可以看出不少东西，包括它们是否怀孕，食物的能量转换状况和精神压力情况。因此，科学家们经常会收集它们的鼻涕做研究。鲸通过喷水孔喷出鼻涕，水柱可达9米之高，要想在鼻涕落入水中之前将它们收集起来并不容易。科学家们想到了一个聪明的办法去得到鼻涕的样本，那就是使用无人机进行收集！

牙医的梦想

有些鲸有牙齿，另一些鲸虽然没有牙齿，但有鲸须。它们的区别是什么呢？

▶ 鲸须就像是鲸嘴里毛茸茸的大梳子，和我们的头发、指甲是同一类物质。只不过鲸须的规模更为庞大——鲸口腔中有上百板鲸须，每板约2.5米长。也就是说，鲸须板比你的父母还要高！鲸在进食时，会先吸一大口海水再排出。当海水排出时，鲸须负责把磷虾、浮游生物及小鱼留下。

好吃！

最近，科学家在须鲸的下颌中发现了一个神秘器官，它看上去像是一团带有手指的果冻。这个器官能够判断鲸是否已经吸入足够多的水量，是否需要排水过筛。

▶ 没有鲸须的鲸通常拥有尖锐的牙齿，也就是说，它们能吞下更大的猎物，比如鱼类、鱿鱼和螃蟹。然而，这类鲸在进食时很少咀嚼，通常用牙齿钩住猎物后便吞下。

我和动物的小故事

我在南澳大利亚博物馆担任主任的第一项工作是安排一次探险——去收集罕见的巨型**南露脊鲸**骨骼。馆长带领着队伍前往死去的鲸所在的沙滩。到达后，她立刻换上了橡胶靴及防水裤，进入了鲸腐烂的身体中，以便剔去骨头上剩余的鲸肉。她刚刚踏进鲸的身体，一个巨浪将尸体残骸卷入了海中。6只大白鲨围了过来，开始啃食鲸肉。大家都在想：哦不，她会被鲨鱼吃了吧？但幸运的是，下一个巨浪又将馆长与残骸一同冲上了岸。即使发生了这一幕，馆长也没有停下手中黏糊糊的、恶心又可怕的工作！她并不在意这些，一心只想着如何将露脊鲸的骨架带回博物馆。

当所有的骨头都被收集完毕后，队员们把骨骼搬到博物馆的卡车上，运回了市里。当天下午，我接到了一个愤怒的电话，对方表示："我要起诉博物馆，你们损毁了我的车！"我想：什么？今天也太诡异了吧！他说："我今天行驶在你们博物馆的卡车后面，有东西漏了出来，把我车身上的喷漆都弄掉了！"原来，卡车中的温度太高，鲸骨中的油脂都融化了，滴溅到了这可怜家伙的车上。鲸的油脂竟强大到能够剥落车漆！当然了，我们最后赔偿了修车费用。

鲸的乳汁

鲸的幼崽生长速度极快。刚出生的**蓝鲸**宝宝在一天内便可增重90千克！它们生长得如此之快，其中一个原因是鲸妈妈的乳汁脂肪含量极高。人类乳汁的脂肪含量约为4%，而鲸的则为40%！而且鲸的乳汁非常浓稠，就像牙膏一样。

水域 ·

有腿的鲸？

鲸并不是一直生活在海洋中的，它们的祖先曾生活在陆地上。**巴基鲸**是最古老的鲸类之一，这种哺乳动物长着4条腿和锋利的牙齿。它们比现代鲸的体型小得多，与狼的体型相当。在大约5000万年前，巴基鲸迁徙到了海洋中，它们的四肢便退化了。

最大的
动物

最大的鲸是**蓝鲸**，这种海洋巨无霸能长至30米，比标准篮球场[1]还要长。体重可达20万千克，和一栋房子一样重。它们是地球上出现过的最大的动物（比恐龙还大）。

最小的鲸是**小抹香鲸**，最重的约为300千克，还不到半头牛的体重；最长的为2.86米，只比最高的人类[2]高一点儿。

[1]原文为"是板球场的1.5倍长"，为便于国内读者理解，所以修改。——编者注
[2]美国人罗伯特·潘兴·瓦德罗，身高2.72米，是迄今人类医学史和吉尼斯世界纪录上最高的人。——编者注

鲸的愉快时光

大部分鲸的寿命长于人类的平均寿命，**弓头鲸**能活200年。

焕然一新

白鲸出生时并不是白色的，而是灰色或者棕色，在大约5岁时才会变成白色。

气候变化

全球变暖致使两极地区冰雪融化，实际上，这会使得部分鲸类，比如**座头鲸**和**弓头鲸**，更容易找到食物。因为海水变暖，鲸可以在寒冷的觅食区中待上更长的时间。不过，二氧化碳会影响海水酸度，继而影响鲸所获取的食物，比如磷虾在较酸的海水中便无法健康生存。

我和动物的小故事

有一次，我在巴厘岛北部的热带海洋中，划着独木舟出海寻找鲸类。那是一个安静的早上，海水平稳如镜。我们看到前方有个锯齿状的物体，就小心地划了过去。结果是两头抹香鲸正在海面休息，还有五六只海豚腾跃在它们周围。我们漂到了它们身边，其中一头鲸缓慢地弯起身子，将尾巴举到了我们的头顶，然后优雅地滑入海中。第二头鲸也随之而去，一望无垠的海面上只留下一叶孤舟。

排泄物

▶ **蓝鲸**的食物是磷虾，磷虾的食物是更小的生物——浮游植物。浮游植物的生长需要铁元素，而蓝鲸的粪便中含有大量铁元素。所以，当蓝鲸的排泄物增多时，海里的浮游植物便生长得更茂盛，这就会吸引更多磷虾前来觅食，因而鲸也有了更多美味的零食。所以，蓝鲸吃得多，排得多，靠粪便就能吸引更多的食物。真是一个美丽（且臭臭）合理的循环呀！

▶ 测量鲸的排尿量并不容易。因为鲸生活在海中，尿液很快便会消散在海水里。一项研究表示，**长须鲸**每天排尿量达974升，能装满4个浴缸！我们时常会看到鲸仰躺在水面，尿液如喷泉般喷涌而出。

水域

好胃口

如果鲸类挑食，它们就不会长得如此巨大，实际上，它们几乎是不间断地在进食。**抹香鲸**每天能吞下450千克的鱼类和鱿鱼，**蓝鲸**一天能吃下3500千克的磷虾。

惊人！

我要和你赛跑！

雄性**座头鲸**在交配时会变得争强好胜，势要与其他雄鲸争出个胜负。在鲸类的求偶比赛中，40多头雄鲸会争夺一头雌鲸。雌鲸率先以极快的速度出发，一群雄鲸在它身后互相扭打，用尾巴和鳍（qí）状肢大力拍打水面，以吓走竞争者。它们彼此推搡，都希望成为距离雌鲸最近的那一头雄性。待角逐开始后，雄鲸便会相互挤撞，跃出水面砸向其他雄鲸。你可以想象，一头成年座头鲸向你撞来，你绝对会放慢速度的！

水獭

水獭是鼬（yòu）科中的水栖成员，它们生活在海洋或淡水中。水獭爸爸常常不着家，水獭妈妈带着孩子一起生活，组成了非常可爱的一家子。可以去找些海獭手拉手的照片看看，你也会认同这个说法的。水獭与人类小孩一样，热衷于滑水和滑滑梯。它们还非常喜欢梳理毛发，是极其喜欢。接着往下看，你就会知道为什么海獭走到哪里都要带着石头，它们的粪便又有什么特别之处了。

在哪里可以看见水獭？

水獭生活在水里，除了南极洲和澳大利亚，其他大洲上都有水獭的身影。海獭栖息在太平洋、北美洲和亚洲沿岸。

海獭喜欢玩石头，会把石头抛来抛去，就像是在玩杂耍。

在英语中，陆上的一群（水獭）可以称为 a romp，而水中的则称为 a raft。

水獭

晚餐时间！

所有的水獭都是肉食动物。**海獭**的食物是鱿鱼、鱼类、螃蟹和海胆。**北美水獭**喜欢吃蛙类、螃蟹、鱼类以及螯（áo）虾。大部分水獭每天的进食量为自重的15%，而生活在加州的**海獭**的进食量是另一个量级的，它们每天能吃掉相当于自重25%—35%的食物。

▶ 北美水獭有敏锐的长胡须，能够探测水中任何细小的动作，感知附近的食物。

▶ 海獭和你一样，有最喜欢的食物，但也不完全一样，除非你喜欢吃黑蜗牛或者海胆。海獭父母们会教授孩子如何捕获它们喜欢的食物，所以食物的偏好其实是代代相传的。

▶ 北美水獭妈妈们会在捕到鱼后把鱼放走，以此向孩子们展示如何捕食，这样水獭幼崽们便能试着自己捕鱼了。

▶ 海獭非常喜欢吃贝类和蛤蜊（gé lí），它们的牙齿比你的要坚硬许多，但还不足以啃开蛤蜊，所以它们会使用石头。每只海獭都会随身携带独有的石头，在不用的时候，它们会把石头收在腋下的小袋子里。当它们想吃海鲜时，就会把石头放在胸口，用爪子紧紧地握着倒霉的贝壳，反复地往石头上撞击，直到撞开为止。

天才！

水域 ·

水獭有13种，几乎每种的数量都在减少，只有**北美水獭**的数量较为乐观，有5种水獭已被归为濒危物种。人们曾为了获取水獭的皮毛而捕杀它们，这是水獭生存现状艰难的原因之一。

1.海獭 　濒危

2.欧亚水獭

3.毛鼻水獭 　濒危
（曾一度被认为灭绝）

4.斑颈水獭

5.江獭

6.北美水獭

7.智利水獭 　濒危

8.长尾水獭

9.巨獭 　濒危

10.亚洲小爪水獭

11.非洲小爪水獭

12.刚果小爪水獭

13.秘鲁水獭 　濒危

勇敢的家伙

一群水獭会联手发出巨大的响声来吓跑捕食者。虽然它们看起来并不凶狠，但曾有北美水獭成功吓退了美洲豹的"光辉事迹"。

天生的游泳健将

海獭偶尔会到陆地上歇息，**北美水獭**喜欢睡在灌木丛下的洞穴中，有时候也会睡在树枝上，但所有种类的水獭大部分时间都待在水里。水獭的身体机能让它们在游泳的时候易如反掌。

▶ 水獭脚上生有脚蹼（pǔ），使游泳更为轻松。

▶ 水獭的耳朵和鼻子在水下可以闭合，这样在潜水时就不会呛水了。

▶ 宽而有力的尾巴就像船舵一样，推动水獭在水中前进，仿佛是它们的第五肢。

▶ 水獭拥有非常强大的肺部，它们能够在

真厉害！

水底屏住呼吸8分钟。

▶ 水獭的双层皮毛奇厚无比，底层是绒毛，上层是长毛，这些皮毛能够将空气储存在皮肤附近。即使在冰水中游泳，水獭也能保持身体的温暖与干燥。

游泳课

所有的水獭宝宝一出生就能在水中漂浮，就像软木塞一样，但是它们还不会游泳。幸运的水獭宝宝不用花太长时间便能学会这个技能，在和妈妈上几节游泳课后，它们就能像专业的选手一样在水中快速移动。

水獭有多大?

巨獭,正如它的名字,是体型最大的水獭,身长可达1.8米,比许多成年人还要高。不过它却不是最重的水獭。最重的要数**海獭**,体重可达41千克。

最小的水獭是**亚洲小爪水獭**。这些小生物最多重达5千克,仅仅是一条腊肠犬的重量。它们也非常短,只能长到90厘米长。

粘在一起

当海獭宝宝还在学习游泳时,海獭妈妈必须保证孩子们不会随波漂走。它们有几种独特而可爱的方法让幼崽待在自己身边。

▶ 海獭妈妈仰面浮在水中,将幼崽放在肚子上,用手臂紧紧地抱着它们。

▶ 妈妈和宝宝都仰面浮在水中,用爪子紧握着,以防被水流分开。

▶ **海獭**有时会用大量的草把宝宝们捆绑起来,这样在出去觅食时,就不用担心宝宝们被海水冲走了。

海

粪便中的信息

在英语中有一个特别的单词表示水獭粪便: spraint。水獭对粪便非常讲究,就像人类一样,它们有指定的排泄地点,不会随地排泄。只要闻一闻另一只水獭的粪便,它们就能知道对方的许多信息,包括年龄、性别等。通过闻粪便来互相了解似乎是一个挺恶心的方式,但也有人觉得水獭的粪便气味并不难闻,就像茉莉花茶或者刚收割的干草味道。但不是所有人都认同这一点,有人觉得它们的粪便闻上去像腐烂的鱼一样腥臭。如果你有机会见到水獭的粪便,不妨闻一闻哦!

噫!

水域 ●

海豚

说到海豚，或许你会想到在热带岛屿的岸边嬉戏打闹的灰色光滑生物，它们可能还带有可爱的微笑和甜美的鸣叫声。你想得没错，许多海豚就是这个样子的。但是你知道吗，海豚也生活在淡水河里。你又是否知道，**瓜头鲸**以及被称为"杀人鲸"的**虎鲸**其实也是海豚。海豚有着各种奇怪的习性，它们会带给你许多惊喜。

在哪里可以看见海豚？

淡水豚生活在南美洲及亚洲的淡水河中。生活在海洋中的**海豚**分布在全球各地，它们大部分喜欢生活在温暖的沿海水域，有的海豚也会居住在温度更低的大洋深处，比如强大的**虎鲸**。

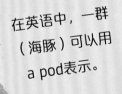

在英语中，一群（海豚）可以用 a pod 表示。

冲浪兄弟

海豚热衷于冲浪。它们喜欢用身体去追逐海浪，包括当游船行驶过水面掀起波浪的时候。

超酷！

海绵到底有什么好？

海绵是一类生活在海底的海绵状生物。它们或许无法吸引你的兴趣，却是海豚的最爱。

▶ 雄性**驼海豚**以海绵当礼物送给心仪的雌性海豚，海绵就像是人类世界中的玫瑰花。

▶ **宽吻海豚**生活在澳大利亚鲨鱼湾，它们有一些奇怪的习性，会将海绵动物撕成碎片，贴在自己的鼻部。

即使这是一种海豚世界的时尚，看起来也不合理。其实海豚这么做不是为了让自己变得更可爱，而是当它们在凹凸不平的海底使用鼻子来寻找食物时，海绵能够保护鼻子不受剐蹭和磨损。

聪明！

鲨鱼警告

虽然海豚是鲨鱼的猎物，但不想沦为盘中餐的聪明海豚经常能阻挠鲨鱼的捕食计划。

▶ 在水中，海豚比鲨鱼要灵活得多，它们几乎能够直上直下，而鲨鱼只擅长向前游，所以海豚能够轻易地逃脱追捕。

▶ 海豚会团结一致，联手吓跑鲨鱼，它们并不惧怕这强大的捕食者。海豚还会使用尾巴击打鲨鱼，把鲨鱼吓走。

▶ 有的时候，海豚会游到鲨鱼下方，用鼻子攻击鲨鱼柔软的腹部。"用鼻子戳"听起来不会对鲨鱼造成什么伤害，但其实海豚的鼻子非常有力，足以将鲨鱼击晕，甚至击毙。

河中居民

部分居住在海洋中的海豚有时候会冒险进入淡水水域，但只有少数种类是完全生活在淡水中的。**淡水豚**的脖子更灵活，这使得它们可以快速转弯以躲避障碍物。它们还能腹部朝上颠倒游泳。但是淡水豚的生活并不如意，污染、捕猎和施工正在一步步地侵蚀着它们的生活环境，使它们更难生存。

水域 ●

宝宝胡须

　　想象一下你一出生就长着胡须的模样。其实大部分海豚宝宝就是这样的。刚出生时，它们的全身几乎都是光滑的，唯独鼻子部分有一排毛发，就像一个长着胡须的宝宝，这些毛发大约一个星期后便会脱落。

搭便车

　　海豚宝宝刚出生时还不能熟练游泳，但它们有个小诀窍，能够让自己跟上游得飞快的妈妈。它们会紧紧地跟在妈妈身边，裹入因妈妈游动而产生的水流中。这样一来，它们基本不需用力就能跟上妈妈的步伐，只要放松地被水流带着走就可以了。

懒惰？

聪明？

兜兜风

　　海豚以跃出水面的优雅身姿而闻名。**长吻原海豚**与**花斑原海豚**跳得尤为高，可以跃出水面4.5米。长吻原海豚在跳跃时伴有特殊动作，它们会如芭蕾舞者般旋转，所以又有"飞旋海豚"的美誉。长吻原海豚在水下便会开始旋转以积攒能量，跃出水面后依然旋转不停。在1秒钟内，这种海豚可以在空中完成7次完整的旋转，然后落入水中。

吐口水

澳大利亚短平鼻海豚虽然不会吐食物，但它们会朝食物吐口水。这种海豚会成群结队地狩猎，为了让鱼都聚集在一起，它们会向鱼群喷射出有力的水柱，这样就能更方便地捕食了。

我和动物的小故事

在澳大利亚鲨鱼湾录制纪录片时，我在距海岸有点儿距离的海面上看到了一群野生海豚。我朝它们游了过去，它们并没有离开，其中一只海豚甚至还靠在了我的肩膀上。当时我带着GoPro①相机，和这只靠在我肩膀上的海豚自拍了一张。

①GoPro是美国运动相机厂商品牌，旗下的相机多用于极限运动的拍摄。——编者注

糟糕的餐桌礼仪

海豚虽然有着锋利的牙齿，但颌肌并不发达，所以基本不咀嚼食物，不过这不妨碍它们进食。海豚会用牙齿咬住猎物，然后整只吞下。

有的时候，海豚会摇晃食物或在粗糙的表面摩擦猎物，从而将猎物分成几块。如果你用海豚的方法在餐桌上吃饭，这是无法想象的。**宽吻海豚**有时会击打墨鱼以去除它们的墨汁，或者在海底表面刮动墨鱼以去除骨头。有人曾见过海豚在食用鲇鱼前，会把它们的头部去掉，以防被鲇鱼的尖刺刺伤。

水域 ●

最新发现的海豚

进入21世纪后，人们只发现了3种新的海豚物种。在澳大利亚墨尔本的海岸附近生活的**宽吻海豚**，在2011年被确认为新物种。另外2种是2005年发现于新几内亚的**澳大利亚短平鼻海豚**以及2014年发现的**澳洲驼海豚**。2014年，有人提出生活在巴西淡水河的**阿拉瓜亚豚**也是一种新种海豚。然而，它到底是**亚马孙河豚**的近亲，还是亚马孙河豚的一种，科学家们还没有定论。

声音地图

许多海豚使用回声定位来寻找食物和了解周遭地形。它们每秒会发出多至1000下的嘀嗒声，这些声音会在海洋中传播，当与其他物体或动物相撞时，回声便会回传至海豚，让它们知晓附近存在的东西。回声中包含的信息非常详细，海豚可以通过回声知道与物体的距离、物体的大小及形状。

摩登家庭

雄性**虎鲸**不会抚养自己的孩子。在交配后，它们便会离开伴侣，回到自己妈妈的身边。这听上去有些不负责任，但其实雄性虎鲸在其他方面还是能帮上忙的。它们擅长照顾年幼的家人，经常会帮忙照看侄子、侄女以及弟弟妹妹。包括**宽吻海豚**在内的许多种海豚都过着群居生活，群体里的所有成员都会互相帮忙照看幼崽。

海豚救生员！

海豚极富同情心，这一点是出了名的。如果群体中有一只海豚受了伤，其他海豚会帮忙将它托出水面，让它能够呼吸。海豚甚至还会解救其他动物。莫科（Moko）是一只著名的宽吻海豚，它曾解救了搁浅在新西兰沙滩上的两只小抹香鲸。在莫科到来之前，人们已经尝试救援了一段时间，但这两只抹香鲸仍不断地被海水冲上沙滩。后来，莫科出现了，它指引着两只鲸回到了大海。

真是个英雄！

你叫了我的名字吗？

每一只宽吻海豚都有着自己独特的哨声，这便于族群的沟通及知晓彼此的动向。哨声就像是海豚的名字，它们使用哨声来辨别彼此。如果听到别的海豚发出了自己的哨声，它们便会做出回应。

捕猎的虎鲸

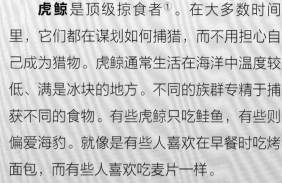

虎鲸是顶级掠食者①。在大多数时间里，它们都在谋划如何捕猎，而不用担心自己成为猎物。虎鲸通常生活在海洋中温度较低、满是冰块的地方。不同的族群专精于捕获不同的食物。有些虎鲸只吃鲑鱼，有些则偏爱海豹。就像是有些人喜欢在早餐时吃烤面包，而有些人喜欢吃麦片一样。

▶ 虎鲸通常成群出动捕捉猎物，比如捕捉海豹。虎鲸并不满足于吃掉游荡在水中的海豹，待在冰块上的海豹也会成为它们的目标。虎鲸会扑打海水，令大块浮冰上的倒霉猎物落入水中。它们还会潜至浮冰下方，将冰块掀翻或者撞成两半。

▶ 即使是鲸类，也不能从虎鲸口下幸免。为了制服如此庞大的猎物，虎鲸会趴在鲸的身上，使它们沉入水中，直至筋疲力尽。就像是你的哥哥或姐姐坐在你的身上，让你无法逃脱，只不过你不会被吃掉罢了。

水域

最好的朋友

雄性**宽吻海豚**通常会和另外一两只海豚成为一辈子的挚友，它们一起追求异性，常常肩并肩地在海中游泳，一同跃出水面，相互磨蹭，还会将胸鳍交叠，就像是手拉手一样。

甜蜜！

①顶级掠食者是指位于食物链最顶层的动物，在它们的生存环境中，不存在能够对它们进行掠食的其他物种。——译者注

河豚

河豚，是鲀形目鱼类的俗称。它们有着巨大的眼睛和丰满的嘴唇，但不要被它们可爱的外表骗了。这长相甜美的鱼类能用各式各样的方法让捕食者感到不适，甚至让它们死亡。鲀类生活在海洋及淡水中，会吃奇怪的东西，当被打扰时会膨胀得面目全非。

鲀有多大？

黑带龙脊鲀长约2.5厘米，相当于1澳元硬币的直径。你用一只手就能捧起好多只，但最好不要这么做！

在哪里可以看见鲀类？

鲀类喜欢温暖的水域，尤其喜欢热带海洋。它们有时候也生活在亚热带水域，甚至会出现在淡水中，但是从不会出现在寒冷的水域里。

鲀类可以向前游，也可以向后游，这可是鱼类中罕见的技能。

吃脚趾

有一种鲀叫多带猛齿鲀，以撕咬能力闻名，它们的牙齿非常有力，能够从人类的脚上咬下大块的肉。

哎哟！

别过来

河豚并不擅长游泳，这对于生活在水中的动物来说是一大憾事。不过幸运的是，它们有许多其他的厉害技能。

▶ 当河豚感受到危险时，它们会吸入大量的水让自己膨胀至巨大的体型。虽然看起来像气球，但其实河豚是无须屏住呼吸的。被捕食者捕获后，它们膨胀的身体能够堵住捕食者的喉咙，让其无法呼吸。河豚可是轻易不会放弃的！

▶ 河豚没有鳞片，皮肤坚硬且可以变色，能够与环境融为一体。

▶ 许多种类的河豚都长有尖刺，但大多数时候并不会竖起。河豚不膨胀时，这些尖刺难以察觉。当它们膨胀时，这些尖刺是无法被忽略的。

▶ 许多河豚体内都充满了"河豚毒素"。一只河豚的毒素足以杀死5支冰球队的队员——30人。中毒后，人的嘴唇和舌头会变得麻木，全身渐渐地无法动弹，直至死亡。河豚毒素对于大多数动物来说也是十分致命的，只有小部分鲨鱼能在吃完河豚后安然无恙。

水下艺术家

雄性**纹腹叉鼻鲀**在寻找伴侣上可是费了不少心思的。它们会花上一个星期的时间，每天24小时不间断地在海底沙地上筑造如艺术品般精致的巢穴。它们会用沙子堆出呈放射状的高峰及低谷，就像是从云端照耀出的阳光形状一般。雄性鲀鱼在沙地中蠕动，刻画出各式图案，甚至还会精心收集贝壳与珊瑚，点缀自己的杰作。在找到伴侣后，雄性鲀鱼会待在巢穴中直至鱼卵孵化。每一个巢穴只会被使用一次，使用后就会被抛弃，然后鲀鱼会筑造新的巢穴，以迎接新的鱼卵。

尽心尽力！

水域 ●

男孩与女孩

黑带龙脊鲀在出生时并无雌雄之分，稍晚才会选择性别。如果成为雄性，它们会向水中释放一种特别的荷尔蒙，以确保生活在附近的黑带龙脊鲀都变为雌性。如此一来，它们就能成为没有竞争对手的阿尔法[1]雄性了。

①阿尔法用来指生物群体中的领袖。——编者注

螃蟹

螃蟹是甲壳动物，是龙虾与明虾的近亲。你或许对螃蟹并不陌生，可能在沙滩上看到过这种8条腿的生物匆忙地行走着，也可能在《小美人鱼》中看到过在海底歌唱的卡通螃蟹。世界上现存4500多个不同种类的螃蟹。并不是所有螃蟹都栖息在海洋中，许多螃蟹生活在陆地上，有的甚至生活在树上。

你会抱抱螃蟹吗？

有些螃蟹，包括**蝙蝠毛刺蟹**和**红毛珊瑚蟹**，身上长满了迷人的毛发。虽然看起来毛茸茸的，但是千万别被骗了。在它们的绒毛下，仍然有着坚硬的躯壳和一对会攻击人的螯足。

在英语里，一群（螃蟹）可以用a cast表示（显然不是胳膊断了时打的石膏①）。

①cast亦有石膏的意思。——译者注

动物有意思：给孩子的野生动物大书

狩猎

一些螃蟹吃肉，另一些则吃素。它们用各种巧妙的方法来捕获食物：

▶ **长腕和尚蟹**通常成群出动捕猎，一寸寸地清扫隐藏在沙滩上的每一点儿食物。它们会挖洞觅食，在原本光净的沙滩上留下一个个被它们挖出的小沙包。

▶ **豆蟹**小如豌豆，寄居在牡蛎（mǔ lì）、贻（yí）贝和蛤蜊等壳类生物中。它们无须猎食，当食物进入寄主的壳内后，这些狡猾的小螃蟹便会把食物偷过来。

▶ **股窗蟹**和**毛带蟹**会用蟹钳把沙子塞入嘴里，吃掉沙砾中的细小食物，然后吐出剩余的沙子，滚成沙球，扔在身后。它们的行动很迅速。在退潮时，它们会飞快地在沙滩上搜寻食物，然后将自己埋在沙子下面，这样就不会被海水冲走了。

额外的盔甲

疣面关公蟹，又称为海胆蟹，和大多数螃蟹一样，有着坚硬的外壳。但它们对此并不满足，还想要额外的保护。这种螃蟹会从海底收集海胆、岩石、贝壳等东西，放到背上，当作护盾。它们通常会选择带有尖刺的毒海胆，这些海胆似乎并不在意被螃蟹带去新的地方，只要有吃的就行。但这也意味着关公蟹只有4条腿用于行走了，另外4条正忙着背护盾呢！

蜘蛛与豌豆

不是所有的螃蟹都是在沙滩上用小碎步行走的可爱小动物，**甘氏巨螯蟹（日本蜘蛛蟹）**腿长可达4米。更直观地说，最高的人类也只有2.72米。它们真的非常大！甘氏巨螯蟹的寿命长达100年，所以它们有很多时间可以用来长身体。最小的螃蟹是**豆蟹**，正如名字一样，它们只有豌豆大小，约为6毫米。

两个胃

螃蟹有两个胃，其中一个里面长着牙齿。由于螃蟹的嘴里没有牙齿，所以它们需要一个长着牙齿的胃部来分解食物。分解后的食物会进入第二个胃中完成消化。

动物有意思：给孩子的野生动物大书

花纹细螯蟹，俗称拳击蟹。它们长着小小的蟹钳，但你几乎不会注意到，因为你的所有注意力都被啦啦队队长手上的迷你花球吸引了。这些花球其实是海葵，拳击蟹使用它们躲避捕食者。如果其中一个花球不见了，螃蟹会变得非常残暴，把剩下的花球撕成两半。幸运的是，海葵非常坚强，能够迅速地再生为两只完整的海葵。拳击蟹在与海葵的关系中其实也有温柔的一面——拳击蟹会给它们的钳子装饰品一些甜头，将吃剩的食物与海葵分享。

走进圣诞岛①
——圣诞岛红蟹

正如它们的名字所示，圣诞岛红蟹栖居在圣诞岛上，有着亮眼的红色外壳。

▶ 这些华丽螃蟹的主要食物是植物，它们会在森林里的落叶丛中快速翻找，寻觅食物。

▶ 虽然圣诞岛红蟹生活在陆地上，但仍需保持鳃部的湿润才能呼吸，这意味着它们并不能享受日光浴。它们会待在阴影中，睡在洞穴里，以避免过高的温度。在一年最热的时间里，圣诞岛红蟹会在地洞中住上3个月，甚至会将洞门堵起来，以防自己被晒干。

▶ 成年圣诞岛红蟹栖居于陆地上，但它们的宝宝会在海洋中度过生命中的第一个月。当圣诞岛红蟹准备生育孩子时，便会前往沙滩。它们会选择在潮水涨至最高时向海边行进，也就是说，会有成千上万只亮红色螃蟹同时从森林涌向沙滩。你可以想象，这会是多么盛大的场面，而且红蟹对此感到非常自豪。在这几个星期中，它们长途跋涉，在大浪中横穿马路，攀登悬崖，甚至冒险闯入人类的房子，只为了到达海洋。真是沸腾的场面！

沙漠居民

澳大利亚淡水蟹栖居在澳大利亚极为干燥的地方。在长时间的炎热及干旱中，它们会居住在自己挖掘的深深的地洞内来保持凉爽，依靠体内储存的脂肪过活，直到雨季来临。它们可以用这样的方式存活长达6年的时间。

①圣诞岛是一座位于澳大利亚西北印度洋上的岛屿。——编者注

爬树者

有些螃蟹生活在陆地上，有些生活在水里，还有些爱冒险的螃蟹则生活在树上！

▶ 印度的**卡尼树蟹**生活在树洞中，利用尖细的长腿在树干上蹦蹦跳跳。与许多其他陆居蟹一样，卡尼树蟹也需要保持鳃部的湿润才能呼吸，它们会将鳃部浸入树洞里的雨水池中。

▶ **椰子蟹**虽然生活在陆地上，但时常会爬到树上采椰子。它们的蟹钳无比有力，能够撬开椰子。这些如怪兽般的椰子蟹重量可达4千克，伸展开的身体可长达1米。除了喜欢吃椰子，它们还会捕捉鸟类。椰子蟹会爬到树上，抓住倒霉的小鸟，将它们撕开，有力的蟹钳能够轻易地碾碎猎物的骨头。

水域

武士蟹

有些螃蟹蟹壳上的沟壑皱褶看上去就像一张人脸。日本的**平家蟹**有时被称为武士蟹，因为许多人认为蟹壳上的花纹像是一张凶猛武士的面孔。

在哪里可以看见螃蟹？

全世界的海洋中都能找到螃蟹。有些螃蟹居住在陆地上或者淡水中，这样的螃蟹通常更喜欢温暖的热带国家。

我和动物的小故事

澳大利亚西北边的圣诞岛是螃蟹的王国。岛上的大型陆地动物极为稀少，但螃蟹随处可见，包括**红蟹、蓝蟹**和**椰子蟹**。这里栖居着几千万只螃蟹！我曾到访当地的学校，清洁员会将午餐剩饭喂给住在学校后面的椰子蟹。上百只巨大的椰子蟹在岩石间转悠，等待着食物。它们体型巨大，看上去有些像大蜘蛛。

吓人！

海马

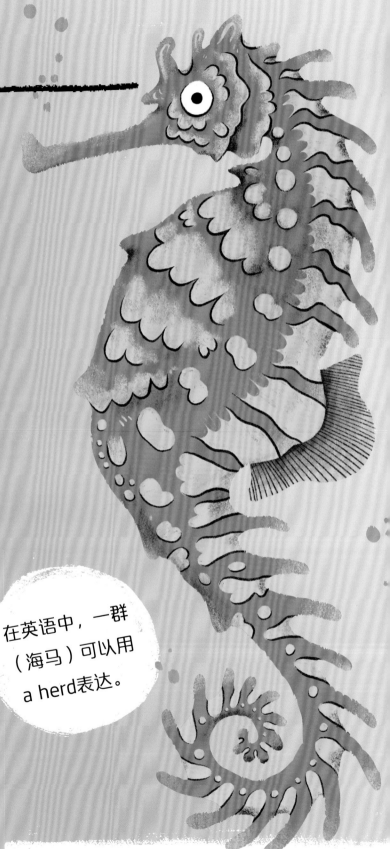

海马的脸看起来很像马，虽然它们与大型有蹄类动物有不寻常的相似之处，但海马其实是一类鱼。海马宝宝体型迷你，在英文中被称为fry，所以"small fry"（指无足轻重的人）这个词组有着完全可靠的科学依据。身为鱼类，海马的游泳技术拙劣得有些可笑，不过它们擅长玩捉迷藏，这补足了泳技上的劣势。

在哪里可以看见海马？

海马多栖居于温暖的沿岸浅海水域，也有少数种类生活在爱尔兰、英国以及日本沿岸较寒冷的水域。

在英语中，一群（海马）可以用a herd表达。

抛锚

海马依靠灵活的尾巴固定自己，它们会用尾巴卷着海草、珊瑚或者其他可以紧握着的东西，以免自己纤弱的身体在大海中来回撞击。即使在移动时，它们也会用尾巴卷着一片松动的植物或杂物碎片，给自身增加重量，从而在海浪中拥有更多的掌控性。

慢速道的生活

海马有许多技能，但它们一定是游泳队中的失败者。实际上，**小海马**是世界上游得最慢的鱼类。

▶ 海马细长而独特的体型并不适合快速移动，而且它们在前进时，身体是完全竖直的，这对提高速度没有任何帮助。

▶ 海马的鱼鳍并不多。头部两侧有两片小鱼鳍，用于掌控方向。背部有一片较大的鱼鳍，推动身体在水中缓慢地前进。

▶ 海马背部的鱼鳍每秒可摆动35次，即便如此，它们每小时也只能前进150厘米。也就是说，当一个12岁的人平躺在地上，海马需要整整1小时才能从这个人的脚趾游到头部。

▶ 海马并不是一无是处的，它们有一个被称作鱼鳔的身体部位，可以涌送出不同容量的空气，帮助它们在水里漂浮到合适的深度。

海马吃什么？

海马虽然长得小，游泳技术也不好，但这并不妨碍它们成为贪婪的猎食者。

▶ 海马无须追捕猎物，而是等着猎物送上门。它们会用尾巴缠着植物或者珊瑚，静静地等待猎物路过，将漂过的猎物吃下。

▶ 海马的长鼻子可以轻易地进入狭小的空间吸食猎物。它们的鼻子能够依据吸入食物的体积来变化大小。

▶ 海马会吸食大量的浮游生物和小型甲壳类动物。有些种类的海马在一天之中可以吃下3000只丰年虾。

▶ 海马没有牙齿也没有胃，所以食物很快便会被排出体内。当你没有胃时，是很难产生饱腹感的，这也是海马总在进食的原因。

水域

捉迷藏

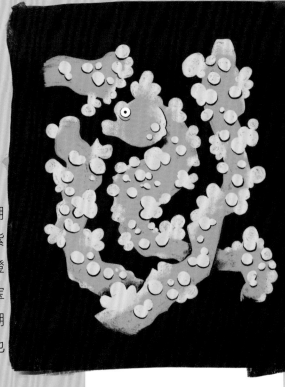

海马体型娇小，无法叮咬，它们的游泳速度也比不过捕食者。而海洋中有那么多的危险生物，海马是如何避免成为盘中餐的呢？很简单的策略——躲起来！

▶ 海马的皮肤表面带有特殊细胞，里面储存了大量色素，在遇到危险时能够快速变色，与环境融为一体。

▶ 危险并不是让海马变色的唯一原因，肤色还能表达它们的心情。当海马与伴侣共舞时，肤色会产生更为复杂微妙的变化。

▶ 有些海马为了与自己的住所相匹配，会生成一种永久的肤色。部分种类的**豆丁海马**会依照所寄居珊瑚的颜色，变成橙色或紫色。如果海马父母是橙色的，但它们的海马宝宝栖居在一株紫色珊瑚上，那么橙色的父母也会拥有紫色的后代。

▶ 为了与环境融合得更天衣无缝，海马还能改变皮肤质地。它们能够生出肿块和粗糙的斑块，从而与珊瑚、藻类及其他植物更为相似。

海马有多大？

大腹海马是最大的海马种类，它们身长可达35厘米，约为半块滑板的长度。正如名字所示，它们有着浑圆的腹部。最小的被称作豆丁海马，其中一个种类被叫作**日本海马**，这种海马大约只有一粒米的大小，生活在日本沿海地区。很显然，这种海马长得就像小猪，或许这个比喻有些夸张，但我相信你也会认为它们和小猪一样可爱。

具有奉献精神的 海马爸爸

与其他动物不同，孕育小海马的重任是由海马爸爸担负的，至少从某种意义上来说是这样的。在交配中，雌性海马会将卵子放入雄性海马的育儿袋里。雄性海马则会为卵子受精，孕育它们，直到海马宝宝诞生。大约30天后，海马卵便会孵化为弯弯曲曲的小海马，它们会像派对礼花射出的彩带一样从爸爸的育儿袋中射出。海马爸爸一次能够生出2000只幼苗，数量惊人，而且海马爸爸能在同一天中再次怀孕。

气候变化

海马通常生活在极为平衡的环境中，细微的气候变化都会对它们造成巨大的伤害。气候变化影响了珊瑚礁和海草床[1]，海马的生存状况也不容乐观，有11种海马被划为易危或濒危动物。

我和动物的小故事

你很少能在水中见到海马，因为它们擅长伪装。我小时候去海中浮潜，只有极其偶尔的机会才能看见它们。在大多数情况下，我会在海滩上看到因冬季风暴而被冲刷上岸的海马，虽然它们似乎不应该出现在这里。你必须要仔细地观察海藻才能发现它们的身影。尽管我见过不少海马，但每当我找到一只海马时，心情总是兴奋的。风暴后的沙滩上还有不少好东西，包括鹦鹉螺、鲀类以及好看的贝壳。

舞厅的规矩

雄性海马与雌性海马一生厮守，每天早上会一起跳舞，增进感情。它们在浪中摆动身体，优雅地转圈圈，身体变换着颜色，尾巴互相盘绕，永不分离。

①海草床指大面积的连片海草，通常出现在珊瑚礁附近，是许多海洋生物的栖息地，具有重要的生态意义。——译者注

有头脑的鱼

海马与你的大脑有着奇怪的联系。虽然海马并不能和你有心电感应，但它们与人类大脑中的一个重要部分形状类似。我们脑中处理记忆的部分叫作海马体。海马体细长而弯曲，上面生有肿块，就像是一只海马。

悠着点，"老虎"

当海马不开心时，它们就会发出咆哮声。

鳄鱼

我们通常看见的鳄鱼不是懒洋洋地浮在水中，就是在陆地上缓慢地行走，但千万别小瞧了它们！鳄鱼非常善于暗中偷窥和埋伏藏匿。而且在需要的时候，它们会化身为运动健将，速度飞快。靠近鳄鱼的血盆大口是大部分动物（也包括你自己）能想象的最糟糕的情况了，但是有少数特殊的动物认为鳄鱼的口腔是个不错的地方。虽然鳄鱼是令人惧怕的猎手，但是它们也有温柔的一面。

在哪里可以看见鳄鱼？

鳄鱼生活在澳大利亚，以及亚洲、南美洲、北美洲和非洲。

在英语里，一群（陆上的鳄鱼）可以用a bask表示，一群（水中的鳄鱼）可以用a float表示。

鳄鱼宝宝的保姆是谁？

▶ 为了防止捕食者偷吃，鳄鱼妈妈们不得不守卫着鳄鱼蛋，这是一项长达3个月的艰巨任务，所以有些鳄鱼会雇用帮手。**尼罗鳄**与筑巢中的杓鹬（yù）便达成了协议——杓鹬帮忙看管鳄鱼蛋，鳄鱼妈妈则会保护小鸟保姆的安全。

▶ 当鳄鱼宝宝即将孵化时，会在鳄鱼蛋中发出声音，告诉旁边蛋中的兄弟姐妹是时候破壳而出了。鳄鱼妈妈也能听见这种细微的声音，所以它会做好准备，在幼崽孵化后将宝宝从蛋里挖出来并带到水里。那么鳄鱼妈妈是如何携带鳄鱼宝宝的呢？鳄鱼短短的手臂肯定是派不上用场的，它会张开嘴巴，让宝宝爬进嘴里，坐在其锋利的牙齿之间。

唱歌和跳舞

为了吸引配偶，鳄鱼会扭动身躯、拍打水花、吹泡泡和发出低吼。雄性鳄鱼会释放出一股恶臭的麝（shè）香味道，就像是人类喷的香水或者古龙水。每当此时，水面上都会浮起一层油脂。

呕！

水域

鳄鱼有多大？

湾鳄是世界上现存最大的爬行动物，最大的一只湾鳄重达1000千克，约为2架钢琴的重量；长达惊人的6.17米，是勒布朗·詹姆斯[1]的3倍多。

最小的鳄鱼是**非洲侏儒（zhū rú）鳄**，体重可轻至18千克，通常仅有1.5米长。虽然作为鳄鱼，它们体型娇小，但如果以尾巴站立，或许还是要比你高。

世界上曾出现过的最大的鳄鱼或许是**帝鳄**，它们生活在1.1亿年前，身长11米，重达9000千克。

①勒布朗·詹姆斯是美国著名篮球运动员，身高2.06米。——编者注

如何分辨长吻鳄与短吻鳄？

有一个方法可以轻易分辨二者，就是观察它们的牙齿，当然要在安全的距离内。当短吻鳄闭上嘴时，你是看不到任何牙齿的。而长吻鳄闭上嘴时，你还能看到从它们的下颌伸出来的两颗巨大的牙齿，两边各有一颗。

鳄鱼的牙刷

鳄鱼敞着嘴巴，小鸟在牙齿间活蹦乱跳，这是一个奇怪但常见的景象。这些小鸟叫作鸻（héng，即牙签鸟），它们并不是去送死的。这种小鸟知道鳄鱼不会对它们下嘴，因为它们能够清除鳄鱼牙龈上的寄生物[1]。

超级感应力

鳄鱼的身上覆盖着许多小肿块，连头上和牙齿周围也长了不少。这些肿块比你的指尖还要敏感。在水下游泳时，鳄鱼能够借助小肿块感应到许多细微的动静，比如落在水面上的雨滴。

保持凉爽

当鳄鱼觉得热时，会把嘴巴张得大大的，就像狗狗喘气散热似的。

一次性牙齿

鳄鱼随时都在掉牙齿和长牙齿，它们一生中大约会更换8000颗牙齿。

强大的咬合力！

鳄鱼的嘴部非常有力，能够轻易咬碎骨头，但它们也只有在咬东西时才会力大无穷。鳄鱼几乎无力张嘴，所以只需用一根细绳绑住鳄鱼的嘴巴，就能防止它们撕咬。

①以上说法来自古希腊历史学家希罗多德，但到目前为止，没有任何这种现象的影像记录和现代文献。——编者注

捕猎

鳄鱼是肉食性动物，也是顶级掠食者，所以它们的危险系数可以是其他动物的两倍。部分种类的鳄鱼会捕食小型猎物，包括鱼类和鸟类，而体型更大的鳄鱼会对更大型的猎物下手，包括猴子、水牛、河马，甚至鲨鱼。

▶ 鳄鱼的眼睛和鼻孔都长在头顶，所以就算身体几乎完全潜在水里，也不妨碍它们呼吸并观察四周。鳄鱼就这样潜伏在水域边缘，当其他动物在低头喝水时，它们就会猛扑过去发起攻击。

▶ **美洲鳄**和**泽鳄**有时候会头顶木棍，潜伏在水中。不过它们似乎只有在鸟类筑巢的季节才会这么做，这个时候的鸟类尤其喜欢收集木棍用以筑巢。当小鸟被木棍吸引，靠近鳄鱼时，鳄鱼就会冲出水面，朝小鸟扑咬过去。

▶ 虽然鳄鱼身躯笨重，四肢短小，但它们可以借助长而有力的尾巴发力，以极快的速度跃出水面。

▶ 鳄鱼经常会进行"死亡翻滚"——为了撕裂猎物，在咬住猎物后多次翻滚。它们在陆地及水中都可以持续地滚动身体，直到猎物停止挣扎并死去。

鳄鱼会吃你吗？

是的，多种鳄鱼都会攻击甚至食用人类。湾鳄尤其危险，如果你进入了它们的领地，一定要小心选择游泳的地方。

水域

我和动物的小故事

我在20多岁时，曾在巴布亚新几内亚探险。为了前往一处偏僻的村庄，我们一行人徒步了好几天。回去时我抄了近路，使用充气垫沿河漂流而下。那天天气很好，充气垫随着水流轻柔地打转，我则悠闲地观察着周围的野生动物，比如在我头顶飞翔的猛禽——鸢。当我回到出发点时，村里的一位男子怒气冲冲地盯着我，并把我带进了他的房间。房间的墙上挂着一颗巨大的鳄鱼头骨，他又指了指我漂过的河流。我真是做了一件蠢事。

鲨鱼

鲨鱼是令人闻风丧胆的猎手，某些种类的鲨鱼名副其实。不过许多鲨鱼对你来说并没有威胁，这包括连你的脚踝也咬不住的小鲨鱼，以及只吃浮游生物的温和大鲨鱼。鲨鱼不是无敌的，它们也会受到伤害，这或许会让你感到吃惊。透露一下，它们居住的水域便会对它们造成伤害。鲨鱼总会做出令人迷惑的举动，比如吃掉恼人的兄弟姐妹，或者住在火山里。是的，这些都是真的。

鲸鲨的花纹

鲸鲨身上的花纹各式各样，就像人类的指纹，没有两头鲸鲨拥有一样的花纹。

在哪里可以看见鲨鱼？

地球上的所有海洋中都栖居着鲨鱼，从寒冷的北冰洋到温暖的热带海洋。

古老的巨型鲨鱼

已经灭绝了的**巨齿鲨**生活在2500万—200万年前。它们身长15米，强有力的颌部能够咬碎一辆汽车，或者一头鲸。其实，它们的猎物就是鲸类（那时汽车还不存在）。

捕猎与进食

大部分鲨鱼是食肉动物，它们的零食通常包括鱼类、海狮、海豹、海豚、海龟、鳐（yáo）鱼及浮游生物，不过鲨鱼饿起来可是什么东西都吃的。人们曾在一头**格陵兰睡鲨**的胃中发现了北极熊的头骨。

▶ **鲸鲨**在吞下一大口小鱼和浮游生物的同时，会吸入大量海水。但它们无法喝下所有的海水，所以在筛出食物后，会把多余的海水吐出来。鲸鲨每小时最多能吐出150万升水，这或许能让你对这些巨大的鲨鱼有多么能吃有一个概念。

▶ 血的味道会让有些鲨鱼陷入疯狂的进食状态。100升的海水中只要融入了一滴血，**大白鲨**就能闻出来。

▶ **长尾鲨**非常灵活，甚至可以将身体对折。长尾鲨的尾巴几乎和身子一样长，它们经常会用尾巴暴力地击打鱼类，打成碎片食用。

▶ **雪茄达摩鲨**虽然只有30厘米长，但它们的下颌上长有巨大的三角形牙齿。它们会游到鲸及其他大型海洋哺乳动物身边，咬住猎物并开始旋转，挖出一圈肉。有的时候，我们会在鲸类的身上看到圆形的疤痕，便是拜这种鲨鱼所赐。

别刺我的眼睛！

鲨鱼很强壮，但它们也有弱点——眼睛。有些鲨鱼的外眼皮下还有一层眼皮，这层牢固的薄膜是它们眼球的额外保护。不过，不是所有的鲨鱼都拥有双层眼皮，这些鲨鱼不得不寻找其他方法，在激烈反抗的猎物面前保护自己的眼睛。**大白鲨**使用了一个非常基本的方法，它们会将眼球向后转动，只把眼白露出来。这么做还有一个非常实用的功能，就是让它们看起来更吓人了。

在英语中，一群（鲨鱼）可以用 a shiver 表示。

长寿鲨鱼

格陵兰睡鲨的寿命通常为272年，有的甚至能达到400年，是世界上最长寿的脊椎动物。成年后，格陵兰睡鲨的身体依然会继续生长，不过每年只长1厘米。

鲨鱼的年龄难以知晓，人们在测算过程中可能会犯许多错误。计算鲨鱼脊椎上的软骨圈数是最常见的测算年龄的方法，这与计算树干年轮圈数的方法是类似的。格陵兰睡鲨会不断地生长出新的眼皮，我们也可以通过眼皮层数来计算年龄。

烦人的寄生虫

90%的**格陵兰睡鲨**的眼球中存有寄生虫。这些寄生虫对它们的眼球会造成极大的损害，甚至会导致它们失明。幸运的是，格陵兰睡鲨通常生活在寒冷黑暗的深海中，所以视力对于它们来说不太重要。

鲨鱼会被淹死吗？

鲨鱼用鼻子闻味道，用鳃部进行呼吸。为了保持呼吸，部分鲨鱼需要持续不断地游泳。只有在游泳时，海水才会涌入口中。鲨鱼吸收了海水中的氧气后，再通过鳃部排出海水。如果它们停止游泳，新鲜海水不再涌入，氧气供应自然也就停止了。为了偷懒，有些鲨鱼想出了一个聪明的办法，它们不再等待海水涌入口中，而是主动地吸入海水，并从鳃部把水流排出，这意味着它们无须游泳就能持续获取充满氧气的海水。

鲨鱼火山

妙哉！

一群科学家发现了生活在海底火山中的鲨鱼，这听起来匪夷所思。卡瓦奇火山坐落在太平洋海底，而且是一座活火山。火山周边的海水滚烫浑浊，且显酸性，大多数海洋生物在这样的环境中都是难以存活的。目前科学家还在探索为什么鲨鱼能够生存在火山中。研究鲨鱼火山困难重重，因为让人类踏入这样不稳定的区域显然是不明智的。不过科学家们找到了收集信息的绝妙方法——将机器人送入海底。

我和动物的小故事

须鲨是我最喜欢的鲨鱼。它们身长可达3米，嘴部周围长有奇怪的、类似海藻般的突出物。它们大多数时间都待在海底，或者在海蚀洞①中。我以前在维多利亚海岸附近浮潜时，经常会发现潜伏着的须鲨，有时候也会在海底洞穴中看见身上覆盖着小龙虾的它们。虽然须鲨十分温顺，但是千万不要触碰它们的尾巴，不然的话，它们会快速扭头，咬你一口！我曾经数次与鲨鱼同游。在我看来，鲨鱼与狗狗非常类似，它们都是友好而好奇的，你只需小心一些即可，就像与大型犬相处时一样。与鲨鱼共处的经历让我对大自然生出了新的敬意。太平洋岛屿上的居民时常会与鲨鱼、鳄鱼一起游泳，因为他们了解彼此的动作与习性。有的鲨鱼及鳄鱼或许与和它们一起游泳的人类同龄。

① 海蚀洞是指因海水拍打侵蚀而产生的洞穴。——译者注

沙滩沐浴

我们通常认为鲨鱼喜欢在沙滩附近转悠，虽然部分鲨鱼确实喜欢靠近海岸，但是大多数鲨鱼更偏爱阳光照射不到的广阔深海。**姥鲨**大多数时间都待在人类看不见的深海中，只有10%的时间会靠近海洋表面。部分鲨鱼，比如**公牛鲨**，在淡水和咸水中都能生存，还会沿着河流游到内陆。

水域 •

鲨鱼有多大?

鲸鲨是世界上最大的鱼类,它们身长可达12米,体重可达25400千克,比4头非洲大象还重。**侏儒额斑乌鲨**则是另一极端,体型最小的只有16厘米长。

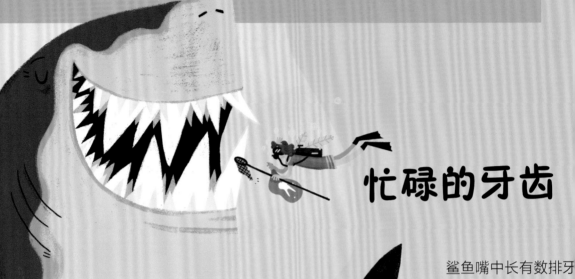

忙碌的牙齿

鲨鱼嘴中长有数排牙齿,且颗数惊人。**大白鲨**最多能有300颗牙齿,有些鲨鱼的牙齿数量还能更多。鲨鱼经常性地掉牙(喜欢咬东西的后果),所以它们需要大量的储备,以替换掉落的牙齿。当一颗牙掉落后,后排的牙齿就会向前移动,补上掉落牙齿的空缺,这有点儿像长满了牙齿的传送带。

动作迅速

灰鲭(qīng)鲨的游泳速度每小时可达96公里,是世界上速度最快的鲨鱼,紧随其后的是**太平洋鼠鲨**和**大白鲨**。

鲨鱼一辈子会更换5万颗牙齿。

电力和鲨鱼有什么关系？

鲨鱼有种超能力叫作"感电力"。它们的鼻子上有许多毛孔，里面充满了特殊的胶质，对电流非常敏感。当鱼类或其他海洋生物在周围的水中游动时，鲨鱼能够借助胶质感受到它们产生的微弱电流，甚至连鱼类的心跳这样极为微小的动静也能感受得到，这让鲨鱼能够轻易地捕捉猎物。

厉害了！

气候变化

由于气候的变化，海洋变暖，为了寻找食物，鲨鱼的活动范围渐渐拓宽。而以往习惯随着季节变化迁徙至暖洋的鲨鱼则不再行动，因为它们的家园已变得四季如春。

鲨鱼作为顶级掠食者，对于保持脆弱的海洋生态系统的平衡至关重要。

比恐龙还古老

全世界的海洋中生活着450多种不同的鲨鱼，其中许多种类与古生物是近亲。

▶ **六鳃鲨**的祖先生活在2000万年前，比恐龙还古老。

▶ **皱鳃鲨**已经存在了8000万年，一直以来没有太大的变化。现代的皱鳃鲨呈长条形，与蛇类似，铰链式的嘴中长着300颗细长锋利的牙齿。

单亲家庭，手足之争

部分种类的母鲨，比如**窄头双髻鲨**和**半带皱唇鲨**，无须公鲨便可繁殖。当周围没有公鲨时，母鲨便会进行无性繁殖，生出来的鲨鱼宝宝也多数是女宝宝。

沙虎鲨有两个子宫。这是为什么呢？因为凶残的沙虎鲨宝宝在妈妈的子宫中便会吃掉弱小的兄弟姐妹。如果沙虎鲨没有两个子宫，将残暴的幼崽分开，那么它们每次生产时，最后就只剩一个宝宝了，这简直是动物版的饥饿游戏。

水域
●

鸭嘴兽

当鸭嘴兽第一次被发现时，部分科学家还以为有人将不同动物的身体部位缝在了一起来捉弄他们，就像是弗兰肯斯坦[1]拼凑成的会游泳的怪物。鸭嘴兽看起来就是鸭子、河狸和水獭的奇怪组合，它的学名 *Ornithorhynchus anatinus*，在拉丁语中的意思是"拥有鸟类的口鼻，像鸭子的生物"。鸭嘴兽不仅长相奇怪，行为举止也很奇特，尤其是鸭嘴兽宝宝的出生方式和喂食方式。而且，鸭嘴兽也不像看上去那般可爱。

在哪里可以看见鸭嘴兽？

鸭嘴兽生活在澳大利亚的东部及东南部。

气候变化

气候变化导致降雨减少，蒸发作用增多，鸭嘴兽赖以生存的河流因此变得干涸。

虽然鸭嘴兽极少成群出动，但在英语中，一群（鸭嘴兽）可以用 a paddle 表示。

①弗兰肯斯坦是英国作家玛丽·雪莱长篇小说中的主角，他创造了一个由人体的不同部位组成的怪物。——编者注

水下 自助餐

鸭嘴兽生活在河边的洞穴中，虽然可以在陆地上行走，但是大多数时间里，它们都在水中游泳猎食。它们通常会捕食小型的猎物，包括昆虫幼虫、蝌蚪、虾及各种会游泳的甲虫与螓。如果飞虫毫无戒备地落在了水面上，它们也会成为鸭嘴兽的美食。

▶ 鸭嘴兽每天的捕猎时间多到10—12小时，非常惊人。

▶ 在24小时内，鸭嘴兽能够摄入与自身体重相当的食物。

▶ 鸭嘴兽在水里看不见、听不见，也闻不到气味。但是，它们的嘴能够感受到猎物在水中游动时所产生的微弱电流，可以说，嘴巴就是鸭嘴兽的秘密武器。

▶ 鸭嘴兽能在水下停留30—140秒。它们会不断地快速下潜，铲起河床中的昆虫、小石子和落叶，以寻觅食物。鸭嘴兽会将搜寻到的所有食物储存于特殊的颊囊中，回到水面后，它们才开始漂浮着享受美食。

捕食乌龟

塔拉科硬齿鸭嘴兽（真拗口！）生活在1500万—500万年前，身长1米，体重是现今鸭嘴兽的4倍。科学家从这种古代鸭嘴兽身上发现了一颗牙齿化石。这颗牙齿强壮有力，或许还能咬碎龟宝宝。

天生会游泳

鸭嘴兽在陆地上的形态毫无疑问是没有风度可言的，但在水里，它们是天生的游泳健将。

▶ 鸭嘴兽厚厚的防水皮毛能够让它们在游泳时保持舒适。

▶ 鸭嘴兽的脚趾之间长着脚蹼，是划水及控制方向的完美装备。不过在挖洞时，脚蹼可帮不上什么忙，所以鸭嘴兽在挖洞时会缩起脚蹼。

▶ 潜水时，鸭嘴兽会用特殊的皮肤遮住眼睛和耳朵。它们甚至还能把鼻子密封起来，防止鼻孔进水。这真是方便！

▶ 鸭嘴兽在水下的游动速度很快，在陆上摇摇晃晃的笨重身体到了水下，却能以每秒1米的速度快速前进。

水域
●

喝奶的宝宝

鸭嘴兽宝宝在刚被孵化时，只比一颗软糖稍大一些。鸭嘴兽妈妈们的喂奶方式非常独特，乳汁会从妈妈腹部的毛孔渗透而出。这就像人类在骑完自行车后，汗液从皮肤中渗透出来的样子。鸭嘴兽宝宝会直接舔舐妈妈的肚子，以吸食乳汁。

哇！

我和动物的小故事

我曾帮助命名了最古老的鸭嘴兽祖先的化石残骸。这是一块完全蛋白石化且带有牙齿的颌骨，是我见过的最怪异的化石之一。这块化石十分好看，彩色的部分清晰透明，反射着七彩光芒。我们将其命名为 *Steropodon*（硬齿鸭嘴兽），是"闪电牙齿"的意思，因为这块化石是在新南威尔士的闪电岭发现的。

鸭嘴兽有多大？

鸭嘴兽的体长通常在37—60厘米之间，大约一只小型犬那么大。

有毒的牛仔

鸭嘴兽是地球上为数不多的有毒哺乳动物之一。雄性鸭嘴兽的后肢长有12毫米的锋利尖刺，与毒腺相连，就像是牛仔靴后的尖刺一样。尖刺中分泌出的毒液的毒性能够杀死一条狗，但好在对于人类并不致死。不过如果被刺到，还是非常痛苦的。

恭喜你，生了个蛋

包括人类在内的大部分哺乳动物都是胎生动物，但鸭嘴兽是卵生动物。鸭嘴兽是世界上两类卵生哺乳动物之一，另一类是针鼹（yǎn）。鸭嘴兽妈妈不会坐在蛋上让蛋在洞穴里保持温暖，而是会把蛋温柔地抱在怀中，再覆上宽大的尾巴。

水
域

消失了的身体部位

▶ 肉食动物都需要牙齿，对吧？并不是！鸭嘴兽没有牙齿，它们依靠嘴部的平板咀嚼食物。鸭嘴兽会把与食物一同进入嘴里的小石子用作临时牙齿，以碾碎食物。奇怪的是，鸭嘴兽宝宝在出生时是有小牙齿的，但很快便脱落了。

▶ 鸭嘴兽没有胃部，食道直接与肠道相连，也就是说，它们从嘴巴到肛门的距离是短于我们人类的。通常来说，胃部对于消化食物至关重要，但鸭嘴兽会选择食用无须胃部也能消化的食物。

我和动物的小故事

鸭嘴兽是超级神秘的动物，大部分时间它们都在河床边的洞穴中打瞌睡。当它们离开藏身之处后，会直接潜入水中，所以我们要看到一只鸭嘴兽并不容易。我在十几岁的时候，曾在维多利亚州西部的小溪边上散步。那一天正是清晨时分，当时的我还不知道这条流经农田的溪流中居住着鸭嘴兽。当我走到一处陡岸边时，发现下方的水面上就漂浮着一只鸭嘴兽。幸运的是，它并没有看见我，我在那里站了大约15分钟，看着它在清澈的水里下潜、游泳和进食。这是我一生中最奇妙的经历之一。

水龟和陆龟

水龟和陆龟均属于龟鳖（biē）目。龟鳖目 Testudines 在英语中的原意为"外壳"，这是龟类身上明显的特征，外壳包裹了它们大部分的躯体。那么，如何区分水龟和陆龟呢？这取决于它们的生活地点。水龟虽然有时候会到陆地上活动，但是它们通常更偏好待在水里。部分水龟生活在海洋中，另一些则生活在淡水里。而陆龟是永远居住在陆地上的。水龟和陆龟自恐龙时代就已经生存在地球上了，它们有足够长的时间培养出奇特的习性，包括用屁股呼吸、模仿蠕虫，以及留着绿色的莫西干发型[①]。

①莫西干发型起源于北美印第安莫西干族，指的是剃去两侧头发，只留下中间竖起的头发，类似鸡冠。——译者注

在哪里可以看见水龟和陆龟？

除了南极洲，每个大洲都有它们的身影。

水龟如何呼吸？

水龟会定时浮上水面进行呼吸，但有部分淡水龟会在水底冬眠，还有一些水龟一年也不会浮上来一次。那么它们是怎么呼吸的呢？

▶ **枯叶龟**的奇怪长鼻子可以起到在我们浮潜时使用的呼吸管的作用。

▶ **麝香龟**的舌头很特殊，上面覆满了小肉芽，可以从水中分离出氧气，所以麝香龟能够在水底通过舌头呼吸。

▶ 澳大利亚的**白眼溪龟**通过泄殖腔吸收氧气，简单来说，就是通过屁股呼吸。这并没有开玩笑！

好聪明！

臭液攻击

麝香龟，也被称为小臭弹，体型小到能够坐在你的手心里。当它们受到威胁时，外壳下方的麝香腺会释放出威力强大的臭液，能够把大多数捕食者熏走。

免费虫子 →

晚餐吃什么？

陆龟以植物为食。有些水龟喜欢食用植物，不过大多数水龟是肉食动物，而且它们为了捕猎，想出了多种绝妙的方法。

▶ **真鳄龟**生活在美国的河流及湖泊中，它们的捕食方法很狡猾：伸出长长的粉色舌头，四处摆动，就像蠕虫一样。路过的动物若想要吃虫，那么就落入陷阱了，它们会被真鳄龟如鸟喙（huì）一样有力的下颌折断。

▶ **棱皮龟**的喉咙中长有许多尖刺倒钩，这有助于它们吞食水母。尖刺的方向指向龟胃，水母从食道往下滑时不会受到阻碍，但如果它们想要向外爬的话，就会被尖刺钩住！棱皮龟每天能吃100千克的水母，它们对于控制水母的数量至关重要。

▶ **鼋**（yuán）会把自己埋在水底的泥土中，只露出眼睛和嘴巴，每天只会浮到水面上呼吸两次。鼋在水底时是完全静止的，当鱼类或螃蟹悠闲地路过时，鼋就会以光速吞下猎物。猎物从来不知道自己即将成为鼋的晚餐。

▶ **木雕水龟**喜欢吃虫子，它们的捕食方法非常巧妙。这种水龟会通过跺脚模仿雨滴落地的声音，诱骗蚯蚓从土里钻出来，然后饱餐一顿。

真狡猾！

我和动物的小故事

玛丽河龟，又称隐龟，人们通常称它们为绿毛朋克龟。这个名字源于它们头顶上极其怪异的发型。玛丽河龟顶着一簇鲜艳的绿色头发，看起来就像是莫西干式的造型。其实，这些绿色的头发是藻类植物。它们的下颌上长着两根尖刺，看上去像是奇怪的胡须，又像是两颗尖尖的牙齿。有一次，我在野外遇见了一只玛丽河龟，我惊讶于它的巨大体型，它的尾巴和我的胳膊一样粗。玛丽河龟是通过屁股呼吸的，所以有着粗壮的尾巴。这种神奇的动物或许已经在澳大利亚的玛丽河中生活了上百万年。它们曾经还生活在许多河域，但最终只有玛丽河中的存活了下来。我感觉就像是见到了爬行动物中的贵族！

在英语中，一群（水龟）被称为a bale，或者a nest，而一群（陆龟）有时会被称为a creep。

可移动的家

与寄居蟹不一样，水龟和陆龟不会长得比自己的外壳还大，所以不存在重新寻找一个更大的新外壳的情况。外壳是它们骨骼的一部分，只不过我们的骨骼在体内，而它们的骨骼在体外罢了。部分水龟及陆龟能够将头部和四肢缩进壳中躲避危险，但不是所有的龟都幸运地拥有这个能力，部分龟类的四肢是永远曝露在壳外的。

气候变化

海龟宝宝的性别取决于贮藏龟蛋的沙地的温度。通常来说，当沙子温度低于27℃时，孵化出的海龟宝宝性别为雄性，而沙子温度高于30℃时，它们则为雌性。气候变化导致全球变暖，科学家发现，雌性海龟的数量正急剧增加，它们日后寻找伴侣变得更难了。

迷你或硕大

南非的**斑点珍龟**是龟鳖目体型最小的种类。它们的体重可轻至100克，外壳长度仅有6—10厘米。也就是说，这种迷你的小陆龟能够坐在你的掌心里。

体型最大的龟鳖目动物是**棱皮龟**，它们生活在咸水中，体重可达900千克，相当于150个保龄球的重量。如果你打过保龄球，你就会知道它们到底有多重。

在海滩上出生

所有的雌性水龟都会在陆上产卵，海龟喜欢回到自己出生的沙滩上生小海龟。它们或许自出生后就再也没有见过这片沙滩，十几年过去了，没有人知道它们是如何成功地回到这里的。为了产卵，它们有的时候会跋涉数千公里。到达目的地后，雌性海龟会用龟鳍在沙滩上挖出一个深坑，将200多颗龟蛋埋在里面，然后游回大海。两个月后，龟蛋孵化，小小的海龟宝宝们需要自己从沙坑里爬出来，并迅速地跑进海里。如果它们稍慢了一步，螃蟹、蜥蜴和鸟类就会把它们吃掉。

水域 •

树上的水龟？

虽然水龟会在陆地上走动，但是你肯定想不到还有生活在树上的水龟。**大头龟**可不是一般的龟类，曾经有人看到它们借助喙状的大嘴和长长的尾巴爬到灌木丛中和树上。从名字就能猜出来，这些水龟有着如漫画人物一样的大头。它们的头部相当于外壳体积的一半，并且颌部巨大。

章鱼

在哪里可以看见章鱼？

章鱼生存在全世界的海洋中。许多章鱼偏好温暖地区的浅水域，也有部分章鱼生活在漆黑寒冷的深海中。

章鱼的外表已经足够诡异，而且它们还聪慧、神秘，善于躲避麻烦，有的时候会假装成一堆珊瑚，有的时候又会像漏水钢笔一样四处喷墨。因为章鱼几乎没有骨头，所以它们鳞茎状的灵活身体能够挤入狭小的空间。有时它们甚至会折断一条腕足，你肯定猜不到这是为什么！

在英语里，一群（章鱼）有时候可以称为a consortium，但它们极少成群出动，更喜欢单独行动。

捕食

章鱼是肉食动物，它们的目标通常是体型较小的海洋动物，比如螃蟹、鱼、虾和龙虾。

▶ 许多章鱼，包括**苍白蛸**（shāo），会使用有力的腕足将贝壳撬开，食用里面的贝肉。它们甚至还能撬开牡蛎。章鱼的嘴部也非常有力，形状类似鹦鹉喙，可以剥开贝壳。

▶ 如果普通章鱼遇到了难以撬动的贝壳，它们会把带有牙齿的舌头伸进去，注入有毒的唾液，让里面的动物失去攻击力，从而更轻易地撬开贝壳。

▶ 有的时候，鲨鱼也会成为章鱼的盘中餐。章鱼会使用多条腕足紧紧地缠住鲨鱼，并以它们尖锐得出人意料的嘴部撕扯鲨鱼肉。

▶ 章鱼通常从上方掉落至猎物身上进行捕食。它们会用腕足的吸盘吸住猎物，塞进嘴里。

▶ 作为人类，如果你想要品尝食物的味道，得先把食物放进嘴里。而章鱼身上的每一寸皮肤都可以品尝味道。想象一下，我们只要将冰激凌涂抹在肘部，就能知道冰激凌是草莓味的还是巧克力味的！章鱼腕足的吸盘非常灵敏，每条腕上都长有200多个味蕾。

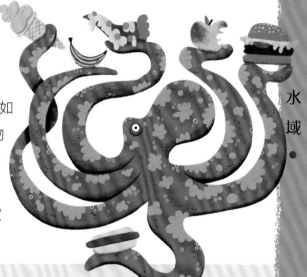

水域

吃水母果冻

部分章鱼对于水母的毒液是免疫的，所以它们能够安全地吃掉水母。除了把水母作为食物外，许多章鱼还会杀害有毒水母，包括僧帽水母和煎蛋水母，并将它们随身携带。理由是非常巧妙的：章鱼会用这些水母的蜇刺捕食，而且蜇刺也能起到保护章鱼的作用。

女士们和先生们

雄性章鱼与雌性章鱼的体型截然不同。雌性**毯子章鱼**约为2米长，而雄性只有区区的2厘米。而且雌性毯子章鱼的体重是雄性的4万倍。雌性的腕足之间长有硕大的红色花纹皮肤。当它们游动时，张开的皮肤就如同一件鼓起的披风，拖在身后。

神奇的身体

▶ 章鱼不止有一个心脏，它们有三个：一个心脏负责将血液泵送至全身，另外两个则负责将血液输送至鳃部。当章鱼在游动时，负责向全身输送血液的心脏会停止跳动，这也是章鱼更喜欢走路的原因之一。

▶ 人类的血液中含铁，所以是红色的。章鱼的血液中含铜，所以是蓝色的。在低温环境下，章鱼血液中的铜原子会将氧气携带至全身。所以生活在南极附近的章鱼体内含铜量更高，也就是说，它们的血液格外蓝。

▶ 当章鱼感到害怕时，它们会向水中释放出一种类似墨水的黑色物质。墨汁的其中一个成分是黏液，会干扰捕食者的嗅觉、味觉和视觉。这种墨汁非常强大，甚至会伤害章鱼自己，所以趁着敌人在黑色黏液中晕头转向时，它们就得赶紧逃跑了。

▶ 如果章鱼在打斗中，或者在逃离捕食者的过程中失去了一条腕足，它们还能长出新的。

很方便！

发脾气

哼！

部分生活在澳大利亚沿岸的章鱼会朝彼此投掷贝壳，真的是太不合群了！

幸福的一家

对于章鱼来说，组建家庭是一个冒险的决定。

▶ 雄性章鱼和雌性章鱼一样有8条腕足，但是其中一条非常特别，因为里面充满了精子。在交配后，雌性章鱼通常会将雄性章鱼吃掉，所以雄性章鱼想出了一个聪明的办法，避免成为盘中餐。它们会扯下自己特殊的腕足交给雌性章鱼，然后迅速逃跑。这真是太极端了吧！

▶ 雌性章鱼一次可以产下数万颗卵，有时甚至能超过10万颗。章鱼妈妈们会把章鱼卵保护起来，让它们保持干净，确保它们可以获得足够的氧气，直至数月后孵化。在这段时间里，章鱼妈妈们因无法捕食而缺乏食物，有时候甚至会吃掉自己的腕足。

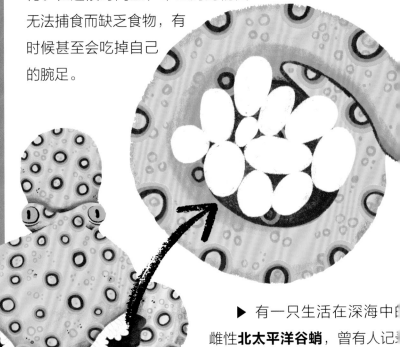

▶ 有一只生活在深海中的雌性**北太平洋谷蛸**，曾有人记录下它孵化章鱼卵的时间，竟然长达53个月，近乎4年半。

带着移动的家，重新上路

椰子章鱼会随身携带着自己的房子，就像我们人类开着房车旅行一样。这种聪明的生物会找到两片贝壳，塞在自己的体下。在摇摆行走时，使用几条腕足固定贝壳。虽然姿势并不优雅，但如果遇见了危险，它们就会爬进一片贝壳中，再使用腕足的吸盘将另一半贝壳盖在自己身上。

伪装大师

章鱼的身体形状如此奇怪，你或许会认为它们十分引人注目，但其实它们极为擅长隐藏自己。

▶ 章鱼的皮肤表面有数万个色素细胞，里面充满了不同颜色的色素，通过伸展或收缩皮肤，它们便能选择皮肤的颜色，从而与身边的环境融为一体。它们甚至还能在皮肤上创造出条纹或者色斑。

▶ 只要长有骨头的嘴喙能进入，章鱼余下的无骨身体就能挤入任何狭小的裂缝中。

▶ 通过收缩不同部位的肌肉，章鱼能够改变皮肤质地，从光滑到粗糙，从坚硬到柔软，这取决于它们想要融入的岩石、沙子的质地或者海藻、珊瑚的种类。

▶ 有些章鱼会躲在沙子里。**澳洲蛸**会一整天都待在沙子中，只有晚上才出来捕食。

▶ 有一种章鱼极擅长伪装，被称为**拟态章鱼**。这种骗子章鱼能够将身体塑造成完全不同的动物，包括海蛇、鳗鱼和狮子鱼。当捕食者靠近它们时，拟态章鱼会模仿成毫无生趣、无法食用的动物，避免被吃掉；又或者变身为捕食者害怕的动物，让捕食者迅速逃离。

天才！

逃命

章鱼在合适的时候，会短暂地爬出水面，它们这么做的原因是什么呢？在野外，章鱼或许会为了捕捉螃蟹或者其他猎物，迅速地爬上岩石。而对于被圈养的章鱼来说，这么做就要冒更大的风险！在新西兰，一只名为墨黑（Inky）的章鱼雄心勃勃，为人们上演了一场奇迹般的逃生。它从自己的水缸中爬了出来，横穿水族馆，挤进狭窄的管道，最终滑入海洋。

古罗马人就曾经有这样的记载：夜里，章鱼从海中爬出，突袭了制作鱼酱油的著名作坊。

气候变化

章鱼的蓝色血液对水中的酸度很敏感。如果酸度过高，它们的血液将难以持续地将氧气输送至全身。随着气候的变化，海水的酸度逐渐增加，章鱼越来越难以获得充足的氧气。

滚出我的房间！

章鱼是神秘的生物，大部分时间都隐匿在洞穴中或者石缝里。在英语里，它们的藏身之处称为den，如果找不到合适的洞穴，它们会自己搭建一个。章鱼可以使用石头堆砌墙壁，甚至建造一扇能开合的石头门。它们还会利用自己吃剩的螺壳和蛤蜊壳装点周围，打造一个章鱼花园。

令人窒息

蓝环章鱼生活在澳大利亚沿海水域，体型娇小，十分危险。它们经常出现在满布岩石的海滩上，甚至出现在大城市附近。但它们很害羞，很少会出现在人类的视野中。当蓝环章鱼感到害怕时，棕色的皮肤上会出现电光蓝圈，警告捕食者不要再靠近。它们强大的毒液可以轻易夺走人的性命，不过它们真的很害羞，不受到威胁是不会主动攻击的。蓝环章鱼的蜇刺部分非常小，在被蜇时几乎没有感觉，但是它们的有毒唾液引起的症状是很难被忽略的。被蜇后，你会感到呼吸困难，嘴唇与舌头变得麻木，最终呼吸肌完全麻痹。

可怕！

古代的章鱼

根据最古老的章鱼化石，人们发现了一种被称为"马荣波尔蛸"的生物，它们生活在2.96亿年前，比恐龙还要早上数百万年。

腕足中的大脑?

神经元是让我们知道身体不同部位发生着什么的神经细胞。比如说，当你触碰了热的东西，你的神经元会让你把手拿开。人类的大部分神经元都位于大脑中。章鱼与所有动物一样，也有神经元，但是65%的神经元都位于腕足里，这意味着它们的腕足非常擅长同时处理不同的事情。你可以试试一手拍头，一手摸肚子，这或许并不简单，而章鱼的8条腕足可以同时做不同的事情。章鱼简直就是多任务处理冠军。

水域 •

巴士与豆子

世界上最大型的章鱼是**北太平洋巨型章鱼**，人们曾经发现的最大的一只达9米长，比伦敦的双层红巴士还要再长一点儿，重量超过270千克。最小的章鱼是**星状吸盘侏儒章鱼**，通常不到2.5厘米，体重比一颗软糖还要轻。

吱！

天空

信天翁

信天翁是大部分时间都飞翔于海洋上而远离陆地的一类海鸟。从远处看，你或许认为信天翁与海鸥长得差不多，那你就错了！首先，信天翁体型巨大，甚至比你还大。而且它们能深潜入海抓捕猎物，飞行距离极长，还会发出古怪的叫声。连它们睡觉的地方也十分独特！

在哪里可以看见信天翁？

大部分信天翁栖息在南大洋，少部分栖息在北太平洋。

在英语中，一群（信天翁）可以用a flock、a rookery、a weight 或者a gam表示。

环球旅行鸟

信天翁一生中的大部分时间都在飞行。有些信天翁直到60岁仍在天空滑翔。信天翁一辈子的平均飞行距离超过690万公里，足够环绕地球180圈，或者往返月球6次。

咸海水

因为信天翁大部分时间都飞翔在海洋上，寻找淡水并不容易，所以它们不得不饮用海水。人类饮用海水的后果是非常糟糕的，会越喝越渴，甚至出现幻觉。而信天翁有一个巧妙的身体机能，可以对付海水中的盐分。它们的喙部上方有一条特殊的通道，能够排出血液中积攒的盐分。

气候变化

鱼类数量下降意味着信天翁的食物减少；海平面上升让它们难以在惯用的地方筑巢。

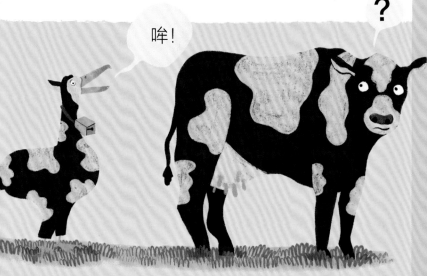

哞！

?

与信天翁的约会

在决定成家之前，信天翁会有很长一段约会时间，有时长达2年。在约会期间，它们会为彼此起舞、梳毛，并发出奇怪的叫声取悦对方，其中一种声音与牛叫声类似。

捕猎专家

信天翁的食物范围大得惊人，可以吃掉几乎所有能通过它们食道的动物。信天翁尤其喜欢吃鱿鱼，它们有多种捕捉鱿鱼的方法。

▶ 信天翁会花上几小时，在海上转圈圈。看似天真无邪，其实它们正在狡猾地设置陷阱。人们认为，信天翁这种奇怪的举动会唤起海里的发光生物，从而吸引鱿鱼浮至海水表面，如此一来，信天翁便能轻松地抓捕鱿鱼了。

▶ 其实信天翁并不需要等待鱿鱼浮至海面，它们能够潜到12.5米深的海下追捕猎物。鱿鱼不会轻易地让信天翁享受美食，只是面对能快速潜水、定位精准的捕猎者，想要逃脱并不容易。

▶ 食用死鱿鱼是最简单的，因为这些鱿鱼会浮在海面，信天翁可以轻松地用大喙将猎物捞起。而且，死鱿鱼也不会逃跑。

信天翁有多大？

所有信天翁的体型都很大，不过最大的要数**漂泊信天翁**。它们真的非常巨大，重达12千克，是白头海雕的2倍。它们有着鸟类中最长的翼展，达3.4米。你的床从头到尾可能还不足2米长，你现在或许知道它们有多大了吧！

动物有意思：给孩子的野生动物大书

我和动物的小故事

有一次，我搭乘一艘俄罗斯考察船途径德雷克海峡，这是南极洲与南美洲之间的一片海域，也是世界上暴风雨最多的地方。路途中，我们遭遇了风暴。我们的船是一艘破冰船，体量庞大，而且是专门为这种恶劣天气建造的，但仍被海浪抛来抛去。我在船上连站也站不稳，跌跌撞撞，恶心得想吐。我朝海面望去，看到了一只信天翁，它翱翔在翻滚的浪尖，平稳飞行。这令人震惊，信天翁不愧为湍流环境中的大师。当时我就在想：一只脆弱的小鸟为何能如此完美地应付大风大浪？而这一切对信天翁来说似乎不足为道。

鲨口逃生

信天翁雏鸟的初次飞行是短暂的，一般会掉落在巢穴附近的海里。巨大的虎鲨通常就会在那片海域里静静等待。信天翁宝宝们因为初次离开鸟巢而过于兴奋，忘记了危险，它们在浅海中游荡，悠闲地看着逼近的鲨鱼，甚至还会在鲨鱼的鼻子上厚颜无耻地啄上一口。不过幼鸟们用不了多久就会懂得海底潜伏着的危险。毕竟，理解速度慢的小鸟们可能已经成为鲨鱼的零食了！

超级父母

孩子出生后，信天翁父母会放下手头的一切，专心照顾雏鸟。它们会轮流离开悬崖顶端的巢穴，前往觅食。为了寻觅适合幼鸟的食物，它们通常要飞行1000公里以上。信天翁不会把食物放在嘴里带回家，而是将食物吞下，回到家后再呕出来让宝宝吃下。听上去很恶心吧？信天翁忙于飞行觅食，伴侣之间少有见面的机会。当一方回到家中，另一方准备出发时，它们才有几秒钟的时间聊聊天。难怪信天翁每次只孕育一只宝宝，养大一只雏鸟真的不容易！

信天翁不梦游，它们在梦中飞翔

信天翁几乎是所有鸟类中飞行时间最长的。它们的胸肌不够强大，不足以振动巨大厚重的翅膀，所以它们会把翅膀展开，借助风力在空中滑翔，这是非常聪明的，有点儿类似人类使用滑翔翼飞行。如果没有风，它们就无法飞行。信天翁在起飞时会艰难地拍打翅膀，但一旦升空，它们就能放松下来，让风带着它们翱翔。部分信天翁在生命的前6年里，几乎每天24小时都待在天上，只会偶尔地停留在海面上休息。但这不意味着它们连续6年都不睡觉，它们可以一边飞行一边睡觉。我们为什么会知道呢？因为时常会有打瞌睡的信天翁撞到船上，这真像个叫醒闹铃！

困境中的鸟

许多种类的信天翁生存状况极不乐观。鱼钩和塑料垃圾是威胁它们健康的罪魁祸首。如果信天翁食用了人类钓鱼时放下的鱼饵，就会被鱼钩钩住，然后被拖到水下。如果它们把塑料垃圾误认为食物，当肚子里都是塑料时，它们就无法吃下真正的食物了。所以，请不要随地乱扔垃圾，你的塑料垃圾或许会出现在海洋中，被一只信天翁吃下。

蝙蝠

动物有意思：给孩子的野生动物大书

蝙蝠的种类多达1400种，它们是世界上数量第二多的哺乳动物，仅次于啮齿动物[1]。虽然啮齿动物在数量上取得了胜利，但蝙蝠在其他项目中是当之无愧的冠军——它们是唯一会飞的哺乳动物。蝙蝠确实能像吸血鬼般吸血，但不是所有的蝙蝠都如此吓人[2]，有些蝙蝠是可爱的小毛球，还有一些会用它们类似驼鹿的鼻子发出搞笑的喇叭声。蝙蝠其实是多才多艺的！

在哪里可以看见蝙蝠？

虽然世界上的大部分地方都生活着蝙蝠，但它们偏好较为温暖的环境。你在南极洲和北极地区是看不到蝙蝠的，因为那里太冷了！

极速蝙蝠

墨西哥**犬吻蝠**的飞行速度每小时可达160公里。

在英语中，一群（蝙蝠）可以用a colony或者a cloud表示。

①啮齿动物包括老鼠、松鼠等。——译者注
②有些蝙蝠是细菌和病毒的携带者。——译者注

走近吸血蝠

是的，**吸血蝠**真的存在，但是不要担心，它们大概率不会咬你，因为它们更喜欢像马和牛这类动物的血液。好消息是，吸血蝠的猎物通常能够活着离开，只不过少了一些血液。

▶ 因为血液中大部分成分是水，所以吸血蝠每天晚上都要进食，以获取足够的营养。如果完全无法进食时，它们也能翘掉一餐，但是如果连续多天没有进食，它们会活不下去的。

▶ 吸血蝠不会在空中突袭，它们选择从地上靠近猎物，有的时候还会四肢并用地追赶猎物。

▶ 吸血蝠长着尖锐的牙齿，用以撕裂猎物的血管。当动物受伤时，体内的血液会变得浓稠，好让伤口愈合。而吸血蝠的唾液很特殊，可以阻止猎物的血液变得浓稠，以便让自己享受美食。 **巧妙！**

▶ 吸血蝠有着天生的红外线视力，通过感受猎物身体的热度，它们能在黑夜中看见猎物的踪影。

▶ 吸血蝠非常大方，它们会与其他吸血蝠共享食物，但是方法很恶心：吐出刚刚吸食的血液，让朋友们享用。

像蝙蝠一样瞎

你或许听过"像蝙蝠一样瞎"这样的表达方式，可是它们的视力是人类平均视力的3倍，而且它们的听力更为出色。蝙蝠发出的声音会根据附近的情况以不同的方式回传。复杂的声音和回声能够帮助蝙蝠绘制出一幅极其详细的周边地图。蝙蝠发出的声音音量是巨大的，但你是听不见的，因为它们的声波超出了人类的听力范围。

穴居蝙蝠

蝙蝠不仅会飞，会走，它们还会在地底挖洞。这些穴居蝙蝠生活在新西兰，它们可以将翅膀折叠起来，以便挖掘腐烂的大树和泥土。

我和动物的小故事

在1991年，我发现了一种人们认为在冰河时期就已灭绝的蝙蝠——豕（shǐ）果蝠。豕果蝠是世界上最大的穴居蝙蝠，翼展约1米。它们曾经遍布巴布亚新几内亚，但当我找到它们时，它们的生活范围仅剩唯一的一个洞穴了。这是一个约1000米深的垂直竖井，几只躲过了人类猎捕的蝙蝠在里面避难。为了确认我发现的蝙蝠物种，我不得不在夜里爬到了洞口的树上，在上面挂了一张网。这个过程十分吓人！

我曾在巴布亚新几内亚的新爱尔兰省发现了狐蝠的新种。在搜寻蝙蝠的过程中，我在一个巨大的洞穴里爬过了满是蝙蝠粪便的山，蹚过了充满蝙蝠尿液的湖。我发现的蝙蝠名叫恩氏狐蝠，它们的翅膀看起来像枯萎的芭蕉叶。白天时，它们会悬挂在芭蕉树或者其他树上。

狐狸与胡蜂

狐蝠是世界上最大的一类蝙蝠。虽然它们叫狐蝠，但是与狐狸没有关系，只是它们的脸长得像狐狸。马来大狐蝠，翼展近2米。虽然它们长得大，但不重，最大的狐蝠体重也只有1.5千克，和半块砖的重量差不多。这也是它们可以轻松地进行倒挂的原因之一。狐蝠体重轻，在长时间倒挂后，不会像我们一样，产生血液涌向脑袋的感觉。

世界上最小的蝙蝠是**猪鼻蝠**（英文中又称胡蜂蝠）。它们不仅仅是最小的蝙蝠，也是世界上最小的哺乳动物，体重仅有2克。也就是说，两只猪鼻蝠加起来还没有一张A4纸重。猪鼻蝠的体长通常为2.5厘米，比曲别针还要小一些。

蝙蝠洞穴

世界上最大的蝙蝠聚居地是美国得克萨斯州的一个洞穴，里面生活了大约2000万只**犬吻蝠**。它们白天在洞中睡觉，晚上涌出觅食昆虫，成群的蝙蝠会让这个时候的天空变得乌压压的。

蝙蝠宝宝

棕榈（lú）果蝠是极少数雄性产奶来喂养宝宝的物种之一。

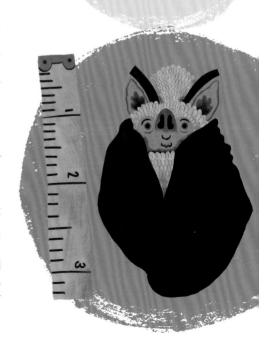

完美的名字

▶ **管鼻果蝠**①长着绿色的大眼睛、向外竖起的黄色耳朵，宽宽的嘴巴好像在温柔地微笑。不少人都认为这种蝙蝠看上去智慧而和善，就像是一名小小的绝地武士。

▶ **叶口蝠**的鼻子巨大且形状古怪，不同个体的鼻子形状不一样，但都像脸上覆盖了一片皱皱的落叶。

▶ **矛吻蝠**的像猪一样的鼻子上长着一根大大的肉刺。

▶ 大多数蝙蝠的耳朵都不小，你可以想象，**汤氏大耳蝠**的耳朵肯定更加巨大，才会获得这个名字。它们的头顶上竖立着兔子般的耳朵，在大耳朵的衬托下，它们的脸显得格外小巧。

▶ **洁翼彩蝠**有着毛茸茸的柔软身体，还有一双透明的翅膀。

▶ **裂颜蝠**粉色无毛的脸上满布沟壑和皱纹，皮肤松松垮垮。它们的皱纹或许比你祖父母的还要多。

蝙蝠是长相奇特的生物，每个种类都有各自的奇特之处，我们往往能从名字中知道它们最奇怪的特征是什么。

气候变化

气候变暖对于蝙蝠来说并不是一个好消息。在澳大利亚，夏天的温度不断升高，大量的蝙蝠死于过热和脱水。

天空 ●

最可爱的蝙蝠

洪都拉斯白蝠身上长着白色的绒毛，小巧可爱。它的耳朵、鼻子、爪子和部分翅膀是明艳的橙黄色，耳朵就像是一片小小的树叶。

可爱！

洪都拉斯白蝠喜欢露营，它们会割下热带植物的大片树叶，将其覆盖在身体两侧，为自己搭建绿色而舒适的庇护所。蝙蝠能在这样的庇护所中躲避捕食者和恶劣的天气。

 聪明！

①在英文中叫尤达（Yoda），取自《星球大战》中的人物尤达大师，他是一名绝地武士。——译者注

飞蛾

飞蛾与蝴蝶是近亲。2.5亿年前，它们由同一个祖先进化而来。飞蛾的数量远远大于蝴蝶，约为蝴蝶的10倍之多。

飞蛾仅仅是低配版的蝴蝶吗？当然不是！实际上，部分蛾子美艳动人，甚至连蜘蛛也会看呆而不舍得捕食它们（我们稍后展开讲讲这个故事）。飞蛾喜欢伪装成其他东西，比如胡蜂、眼球，甚至一坨粪便。说到粪便，它们上厕所的方式更是闻所未闻。飞蛾（除了有着特兰西瓦尼亚口味①的飞蛾）喜欢吃花蜜、蜂蜜及其他甜食。

①特兰西瓦尼亚是吸血鬼鬼德古拉的故乡，这里指的是吸血的飞蛾。——译者注

在英语中，一群（蛾）有时可以用a whisper表示。

在哪里可以看见飞蛾？

世界各处都生活着飞蛾。

飞蛾的嘴

100% 小鸟眼泪

飞蛾成虫与幼虫的食物完全不一样，而且幼虫食量普遍更大，因为它们需要积蓄能量，才能化茧成蛾。

▶ 飞蛾幼虫特别喜欢吃植物。有的时候我们能从飞蛾的名字中知道它们小时候最喜欢的食物是什么。比如**樱桃匕首蛾**或者**栎（lì）列队蛾**，当它们还是幼虫时，分别以樱桃树和栎属树木为食。

▶ 大多数幼虫在长为成虫时，咀嚼式口器便会脱落，取而代之的是类似吸管的虹吸形口器，用以吸食像花蜜这样的液体食物。部分成虫保留了咀嚼式口器，能够继续食用植物中较为坚硬的部分，比如花粉。

▶ 有些飞蛾既没有咀嚼式口器，也没有虹吸形口器。当它们变为成虫时，就再也吃不了任何东西了。所以它们在幼虫阶段需要大量进食，尽量获取更多的营养，才可以支撑自己过完短暂的一生。

▶ 有长形口器的飞蛾，比如**黑边天蛾**，会从半空中吸食花蜜。它们盘旋在花朵上方，将长形口器放入花朵储存花蜜的地方进行吸食。**马岛长喙天蛾**的口器比一把尺子还长，能够吸食把花蜜储藏在更深处的热带花卉。

▶ 生活在西伯利亚的**吸血蛾**会将布满小尖刺的长型口器推入动物的皮肤中，以吸食它们的血液。

▶ 有些飞蛾会将长形口器刺入睡着的鸟类的眼皮，吸食眼中含盐量丰富的泪水。这些飞蛾的口器非常细小，不会伤害到鸟类，甚至不会吵醒它们。

我和动物的小故事

有一次，我正在巴布亚新几内亚的群山中探险。在一个下着细雨的晚上，我前往临近的村庄拜访一位朋友。在谈话时，他点亮的灯引来了数千只飞蛾。成群的飞蛾从窗户飞入，填满了小屋。它们各不相同，有的如方向盘一般大，有的和我的小拇指指甲盖一样小。到后来，我们连对方都快看不见了，双双淹没在飞蛾中。那天晚上天气炎热，我们都出了些汗，飞蛾们便停留在我们身上吸食汗液。这真是不可思议的景象！

天空 ●

蜂蜜掠夺者

走近美丽灯蛾

美丽灯蛾的幼虫以猪屎豆为生，这种植物会释放毒素，阻止动物啃食它的叶子。而美丽灯蛾的幼虫是极少数几种对其毒素免疫的动物之一。这些坚强的幼虫其实是将毒素储存在了体内，挪为己用。当幼虫长成飞蛾后，它们会从翅膀底部释放出充满了毒素的泡沫状血液，这非常致命，捕食者都深知这一点。比如说，当一只美丽灯蛾落入蜘蛛网后，蜘蛛通常会小心翼翼地把它放走。有趣的是，这种毒素不仅仅是用来对付捕食者的。雄性美丽灯蛾会使用毒素来吸引配偶，雌性美丽灯蛾对体内没有毒素的雄蛾是毫无兴趣的。

鬼脸天蛾因后背上形同骷髅的图案而得名，它们喜欢吃蜂蜜，所以有不少从蜂巢中偷食蜂蜜的妙招：使用类似拉手风琴的动作发出刺耳的声音来迷惑蜜蜂；释放一种化学物质，模仿蜜蜂的气味，这样就能潜伏进入蜂巢而不被发现；对于蜜蜂的毒液有部分免疫力，所以就算在偷蜂蜜的时候被蜇了几口，也能活着出来。鬼脸天蛾的每一顿饭都得冒着生命危险，真是不容易！

飞蛾有多大？

不同种类的飞蛾体型差异巨大，小如句号，大如餐盘。**乌桕（jiù）大蚕蛾**是世界上体型最大的飞蛾种类之一，翼展可达一把尺子的长度。**微蛾**是最小的飞蛾，它们的身体与翼展仅有3毫米。微蛾生活在世界各地，因为体型太小，极容易被忽略。

伪装 还是盛装?

许多飞蛾的翅膀颜色鲜艳,有着复杂的图案,可以吓走捕食者。捕食者也知道,这些图案表示飞蛾有毒。但并不是只有有毒的飞蛾才生有繁复的花纹,部分无害的品种也会模仿有毒的品种长出艳丽的图案。这些飞蛾骗子从善于伪装的种类进化而来,它们放弃了伪装保护色,选择了另一种耀眼的保护色。

▶ **圆掌舟蛾**栖息在树枝上时,会将带有棕色斑点的翅膀蜷缩起来,让自己变成长管状,看上去就像是一根折断了的小树枝。

▶ **大杨透翅蛾**的体型和颜色均与胡蜂类似,翅膀完全透明。它们能够模仿胡蜂的飞行动作,费尽心机地让捕食者相信,它们不是毫无还手之力的飞蛾,而是有着强大蜇刺的胡蜂。

▶ 部分飞蛾及它们的幼虫,包括部分**天蛾**的幼虫,背后长着像大眼睛一样的花纹。

▶ **珍珠蜂鸟蛾**看上去就像是一坨鸟屎。

呸!

菠萝味香水

天空 ●

在寻找配偶时,雄性**金蝙蝠蛾**会释放出一种熟透了的菠萝味道,令雌性无法抗拒。

飞蛾怎么上厕所?

包括**谷舟蛾**属在内的许多飞蛾,喜欢聚在水坑边大口喝水。可是它们的体型娇小,用不着如此多的水,为什么还要这么做呢?其实是因为水中含有的少量盐分对飞蛾非常有益。飞蛾会吸收水中的盐分,再将多余的水分从肛门中射出。当它们喝水时,每分钟会喷出20次水柱,水柱可达0.3米长。在英语里,可以用一个特殊的单词表达飞蛾喷水,叫作puddling。

秃鹫

秃鹫有着阴郁的眼神，通常长着奇怪的秃头，似乎不会带来好运，尤其是当它们聚集在受伤的动物身边，等待动物死去好饱餐一顿的时候。但这些食肉的大鸟不应该拥有这样的坏口碑，它们极少杀害动物，反而更喜欢食用刚刚死去的动物。可以说，秃鹫对于恶心的动物尸体来说是清洁工，这使得它们成为地球上最有用处的鸟类之一。

在英语中，一群（在陆地上的秃鹫）可以用a venu或者a committee表示。如果它们飞在空中，可以用a kettle表示。有的时候，一群（正在进食的秃鹫）可以被称为a wake。

在哪里可以看见秃鹫？

旧大陆兀（wù）鹫栖息在亚洲、非洲和欧洲；新大陆兀鹫栖息在北美洲和南美洲。所以除了大洋洲和南极洲，世界上的其他大洲中都有兀鹫的身影。

秃鹫的声音是什么样的？

秃鹫可不会那么吵闹，新大陆兀鹫甚至没有发声器官。它们不会以歌唱或者喊叫等方式进行沟通，而是发出咕哝声或者嘶嘶声。

你会吃秃鹫的食物吗？

秃鹫通常会食用已经死去的动物，包括腐肉。但其实它们更喜欢新鲜的肉，刚死去的动物的肉是最好的美食。它们偶尔也会追捕活物，不过这些动物一般是已经受了伤的，或者由于某些原因，身体已经变得非常虚弱的。斑马、角马、大象、河马和羚羊都是秃鹫的日常食物，但有的时候，它们也会吃些出人意料的东西。

▶ 秃鹫经常食用的是肉类，有时也会食用植物，包括腐烂的水果。

▶ **棕榈鹫**差不多是一个素食主义者。虽然它们也会食用小型动物，比如蛙类和鱼类，但大多时候，它们更喜欢食用棕榈树的果实。

▶ **白兀鹫**会使用石头砸开大型鸟类的蛋，比如鸵鸟蛋，然后吸食内部的胶质。

▶ **胡兀鹫**的主要食物是骨头。为了把骨头摔得粉碎，它们会从高空把骨头扔到地面的石头上，可能要重复几次才能完成。摔碎后，它们会大口地吸食骨髓，食用骨头碎片。为了吃到乌龟肉，它们也会用相同的技巧砸开龟壳。

疯狂夺食！

有的时候，数百只秃鹫会争着吃同一只死去的动物，尤其是体型庞大的动物。当如此多的秃鹫一同进食的时候，场面会变得混乱不堪。这些大鸟疯狂地拍着翅膀，互相叼啄踩踏，只为了吃上一口食物。体型更大的秃鹫在这样的情况下自然占了上风，体型较小以及年轻的秃鹫只能吃残羹剩饭了。

一群秃鹫能在瞬间将一具动物尸体吃得只剩下骨头。它们会撕扯下大块的肉，储藏在颈部的袋子中，这个袋子被称为嗉囊（sù náng）。当嗉囊中盛满食物后，它们便会静静地坐下，开始真正地消化美食。秃鹫父母们则会带着储藏在嗉囊中的食物飞回巢穴，反刍（chú）喂给孩子。

天空 ●

组建家庭

不同种类的秃鹫有不同的筑巢方式。旧大陆兀鹫的巢穴巨大，通常是用树枝在树上或者悬崖上筑造而成的。而新大陆兀鹫一般会在地面上挖个洞当作自己的巢穴，在英语中，它们的洞穴被称为scrape。有的巢穴，特别是旧大陆兀鹫的巢穴，甚至比一张双人床还要大。秃鹫蛋非常好看，上面带有紫色或者棕色的斑点。刚孵化的秃鹫雏鸟脚掌宽大，全身长满白绒毛，喙部突出，看上去既可爱又古怪。

可作武器的呕吐物

部分秃鹫的呕吐物酸性很高，比如**红头美洲鹫**，所以如果它们吐在了捕食者的敏感部位上，是可以对捕食者造成伤害的。而且呕吐物的味道极其难闻，这也在情理之中，因为这就是一摊未完全消化的腐肉。秃鹫在受到威胁时，还有一个原因也会让它们呕吐——呕出大量的食物能使体重变轻，从而迅速地起飞逃跑。

受到威胁

包括大象在内的大型动物数量正逐渐减少，秃鹫越来越难以觅到食物。秃鹫的数量锐减，除了因为它们缺乏食物外，还因为人类对它们进行的捕猎及毒害。

谁是谁

世界上有3类秃鹫，它们都是不同猛禽的后代。前两个类群被称为旧大陆兀鹫，涵盖了18个种类。它们眼神锐利地搜寻食物，但嗅觉不甚灵敏。

第三个类群被称为新大陆兀鹫，**红头美洲鹫**就属于这个类群，它们的嗅觉很出色。在新大陆兀鹫的大脑中，处理嗅觉的区域格外大，它们能够凭借嗅觉找到在空中看不见的动物或者被树木遮挡的动物尸体。

秃鹫与粪便

秃鹫经常会排泄在自己的腿上，它们是故意这么做的。秃鹫做出如此恶心的事情，有两个原因：首先，这能降低秃鹫的体温，就像是在你的脚上倒一杯水，只不过是更黏一点儿的水；其次，秃鹫的粪便和尿液中含有尿酸，当它们在动物尸体周围行走时，很有可能会染上细菌，而尿酸能够杀死这些细菌。

白兀鹫会吃牛粪，尤其喜欢黄色的牛粪，牛粪越黄，里面含有的营养越多。而且黄色的牛粪还能让白兀鹫的脸部呈现鲜艳的黄色，从而更好地吸引异性，吓走同性。

它们能飞多高？

黑白兀鹫曾翱翔在距地面11000米的高空中。虽然它们不是世界上长得最高的鸟，但它们是飞得最高的鸟。

超级大鸟

安第斯神鹫是体型最大的秃鹫，体重可达15千克，约为一个1岁人类宝宝的体重。它们身高1.2米，和7岁幼童相差无几。这个身高对于鸟类来说已经相当高了。安第斯神鹫的翼展可达3.5米，是世界上翅膀最大的鸟类。

天空 ●

害虫还是英雄？

秃鹫的胃酸十分强大，这也是它们能够食用可能携带着各种病菌的腐肉的原因。它们甚至能分解炭疽杆菌，这种细菌对于人类来说可是致命的。秃鹫以腐烂的动物尸体为食，这种饮食习惯对遏制致命病菌的传播起到了作用。秃鹫或许长相诡异，吃的食物让人恶心，但它们绝对是我们的朋友。

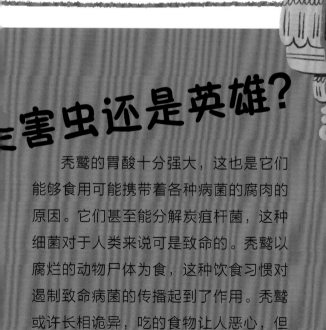

麝雉

麝雉的外貌与行为怪异，样子就像是鸟类和蜥蜴或者鸟类和牛的奇怪结合体。它们是一种古鸟现存的唯一后代。这也是它们看起来与其他鸟类差别巨大的原因之一。麝雉的脸部呈鲜艳的蓝色，它们长着亮红色的眼睛以及一顶羽冠，这些都让人很难不注意到它们，尤其是当100只麝雉聚集在一起的时候。不过外表不是麝雉最古怪的地方。

麝雉有多大？

成年麝雉大约为65厘米高，也就是说，3只叠在一起的麝雉与你的床一般长。它们身躯轻盈，完全成年的麝雉体重还不到1千克。

冲上云霄？还是不了……

成年麝雉可以飞行，但飞行技术不好。你更有可能看见它们栖息在树上，做着自己最喜欢的事情（吃东西），或者正在消化吃下的食物。

在哪里可以看见麝雉？

麝雉栖息在南美洲，尤其是亚马孙河流域和奥里诺科河流域。

吃草动物

麝雉是植食动物，最爱的食物是新鲜的树叶和嫩芽，食物越鲜嫩，它们越喜欢。许多鸟类都长有嗉囊，这个位于喉咙中的袋子能够储藏和消化食物。而麝雉的嗉囊有几点不同之处：首先，它们的嗉囊极大；其次，嗉囊里长有特殊的隆起部分，可以研磨食物，当食物被碾碎后，麝雉体内的特殊消化菌会与食物产生发酵反应，从而完全消化食物。麝雉是世界上唯一一种这样消化食物的鸟类，其他带有类似消化系统的动物是牛和羊。

糟糕的偷袭者

不论是在天空飞行，还是用一双有力的大脚在树林中攀爬，麝雉的动作都并不优雅。麝雉多是大嗓门，动作笨拙，还好它们不需要偷袭猎物。麝雉走在树丛中时会四处碰撞，发出声响。除此之外，它们还会发出嘶嘶声、咕哝声、喘息声、呱呱叫声和各种尖锐的声音，唯独没有可爱的小鸟叫声。

不一般的宝宝

麝雉喜欢在悬于水面之上的树枝上筑巢。当捕食者靠近时，还不会飞的雏鸟就会跳入水里逃生。跳入水里听起来比躲在巢穴中还要危险，但是麝雉雏鸟并不是一般的小鸟宝宝，它们的游泳技术过硬，只要不被路过的鳄鱼吞掉，就能划到岸上，爬回巢中。是的，你没有看错，它们是用爪子爬着回到巢穴的。这已经够奇怪了，但更奇怪的是，它们的爪子不是长在脚上，而是长在翅膀上。麝雉幼鸟的每只翅膀上都有两只硕大锐利的爪子，也就是说，它们在长大学会飞行之前，都可以用爪子牢牢地抓住树枝进行攀爬。通常在孵化后的一个星期左右，幼鸟们的爪子才会脱落。

臭液熏天

麝雉通常被称为"臭鸟"，老实说，它们名副其实。麝雉真的很臭！有人说它们的臭液就像是牛粪的味道。因为麝雉的消化方式很特别，所以才会产生这样的气味。食物在经过发酵后，会释放出一种名为甲烷的臭气，麝雉在打嗝时就会把这股气体排出体外，与周围的动物分享它们在消化过程中产生的刺鼻气味。

嗝！

恶心！

雕

世界上有许多不同种类的雕，种类之间有着亲疏远近之分，部分种类的雕与包括鹰和隼在内的其他大型猛禽也有着亲缘关系。雕的体型尤为巨大，钩状的喙，硕大的翅膀，强健有力的脚爪，都令人叹为观止。雕在人们的印象中不仅是凶猛的猎手、优雅的飞鸟，也是令人生畏的帝王之鸟。这些都没有错！不过它们也有笨拙的时刻（想象一只尝试游泳的雕），并且它们出人意料地喜欢偷窃别人的晚餐，而不是自己捕猎。

在哪里可以看见雕？

雕栖息在非洲、亚洲、欧洲、美洲，以及澳大利亚。

有误导性的名字

白头海雕又称秃鹰，但它们并不是秃子。只是因为它们身躯上的羽毛是深棕色的，而头部的羽毛是白色的，所以它们看上去就像头上没有羽毛一样，尤其从远距离观察。

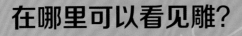

在英文中，一群（雕）可以用 a convocation 或者 an aerie 表示。

雕吃什么？

每种雕都有自己最喜欢的食物，常见的包括啮齿动物、鱼类、爬行动物、昆虫以及其他鸟类。它们的食物中也包括一些令人吃惊的动物，比如龟、小型袋鼠、山羊、树懒、鹿、火烈鸟和沙袋鼠，有些雕甚至会食用小型鳄鱼。

雕不挑食，它们会把猎物的所有部位全部吃下。雕的胃里含有强大的胃酸，可以分解包括骨头在内的所有食物。比较不容易消化的部分，比如羽毛，会以团状被吐出，看上去就像一坨便便。噫！

鸟眼视野

雕的视力极为出色，视力范围大概是人类的4—5倍，能看见3公里外的猎物。

雕有多大？

雕在飞行时，翅膀完全舒展，这或许是观测它们庞大身躯的最佳时刻。**虎头海雕**和**白尾海雕**的最长翼展可达2.5米，比历史上最高的篮球运动员还高。虽然雕的身形巨大，但是最重的雕也不算太重。**菲律宾雕**和虎头海雕是雕中体重最大的，也不过8—9千克，和一只小猎犬的体重差不多。

野性的呼唤

有些雕，比如**海雕**，它们的叫声洪亮有力。而另一些雕，比如**白头海雕**，它们的叫声就没有那么令人惊叹了。有的时候，你在电视上听到的雕的叫声，其实是经过美化放大的，这是为了让它们的声音听起来更为震撼。

狡猾！

雕是肉食性动物，也是顶级掠食者，有的时候甚至能捕杀比它们大5倍的动物。

▶ 虽然雕长着能致命的喙部，但是它们通常使用爪子抓捕猎物。**美洲角雕**的足后部长有爪子，其大小可以与熊爪相当，它们的腿能和人类的手腕一般粗。

▶ 雕在捕猎之前，往往喜欢静坐在树梢，留意着下方的猎物。若有动物引起了雕的注意，它们便会猛扑过去。雕也会从空中俯冲抓捕猎物，偶尔还会步行追着猎物跑。

是的，没错！

▶ 与人类不同，雕能够看见紫外线，这使得它们能更好地追踪猎物。雕只需跟随动物为了标记领地而留下的尿液印记即可，因为尿液能反射紫外线。

▶ 吃鱼的雕可以从水中直接把猎物抓起来，比如**白头海雕**和**非洲海雕**。如果猎物过沉，它们会用爪子紧紧地抓住猎物，拖到岸上。有的时候，它们还会进入水中，用爪子牢牢地擒着猎物，以翅膀作桨，划到岸上。

▶ 雕经常会偷吃体型更小的鸟的食物，甚至还会与其他的雕大打出手，争抢食物，尤其在食物稀少的冬天。有一次，一只白头海雕从狐狸那里偷走死兔的画面被相机记录了下来。年幼的狐狸不愿放弃猎物，与雕扭打起来，却被带到了空中。最后，狐狸掉落在地面，小跑着离开，雕则衔着偷来的晚餐胜利而归。

不要脸！

大鸟住大巢

雕的巢穴在英语中被称为eyry，非常巨大，通常被筑造在树上或者悬崖上。雕使用树枝作为基底，在内部铺上草、羽毛和苔藓，让巢穴更加柔软。**白头海雕**的巢穴尤为庞大，可达6米深，一个普通成年人站在巢穴中是看不到外面的。宽度超过3米，重量达2000千克，比一辆汽车还重。

古老的巨鸟

哈斯特巨鹰现已灭绝，它曾经是世界上最大的雕，体重接近18千克，翼展3米。这种巨大的猛禽曾生活在新西兰，以不会飞的巨大恐鸟为食。

我和动物的小故事

澳洲海雕一辈子只有一个配偶，但它们首先会通过空中搏斗测试潜在配偶的力量。两只海雕会将爪子锁在一起，从空中旋转降落。我曾经看到一对力量相当的海雕，直到落水时仍未分出胜负，掉落在距岸边1000米的海里。那天风很大，两只海雕筋疲力尽，全身湿透，但在海中仍没有放弃打斗。一只隼在它们的头顶盘旋鸣哨，等待着一方死去。

我带着一把扫帚，驾驶着小艇朝它们开了过去。隼飞走了，两只海雕也分开了。雄性海雕更为年幼，胸口上有一道很深的伤口，白净的羽毛上显出一点儿血红。我将扫帚放在体型更大的雌性海雕身下，它稳稳地站在了上面，毫无惧色。我把扫帚举过头顶，它便飞走了。雌性海雕紧贴着海面飞行，我担心它会再次落水。它那黄色的双眼，无畏而傲慢的凝视，还有令人恐惧的喙部，都让我终生难忘。受伤的雄鸟年纪更小，也更害怕。它无力地想要游离我，试了十几次后不得不放弃了，我用扫帚把它接到了船上。雄性海雕垂头丧气地躺在船里，翅膀耷拉在身旁，疲惫不堪。上岸后，我把它放在了一块石头上，它在那里坐了好几个小时才离开。我常常好奇，这两只海雕后来有没有在一起呢？

升空与俯冲

拍打巨型的翅膀会消耗能量，所以雕更喜欢借助空中的暖流，滑翔于天际。

▶ 雕可以在空中滑翔数个小时，最高能飞至3000米。

▶ 雕的飞行速度可以接近每小时50公里，俯冲时的速度更快。部分雕，比如**金雕**，俯冲速度可以达到每小时200公里。

▶ 如果**白头海雕**的一只翅膀上掉了一根羽毛，那么另一只翅膀的相同位置也会脱落一根羽毛，这样它们才能在飞行时保持平衡。

天空

鹤

鹤是世界上最古老的鸟类之一，共有15种。鹤非常热爱社交，它们常常会群聚在水边，吵吵嚷嚷，热烈地舞动身躯，场面十分热闹。当你进一步了解这种神奇的鸟类后，你或许便会成为狂热爱鹤者！

凹凸不平

鹤有一双大长腿，但并不是像看起来的那样。多节的"膝盖"其实是它们的脚跟，脚掌其实是它们的脚趾。所以鹤并不是在正常走路，而是在踮脚走路。

在哪里可以看见鹤？

除了南美洲和南极洲，世界的其他地方都有鹤的身影。

在英语中，一群（鹤）可以用 a herd、a sedge表示，有时也可以用 a dance表示。

气候变化

许多鹤类居住在湿地中，这里是它们寻找食物和下蛋的完美栖息地。当气候变暖，湿地开始变得干涸，鹤会难以繁衍生息。

不论是在空中飞行，还是慢悠悠地行走在沼泽地中，鹤看上去都无比优雅。然而它们发出的噪声与这样的形象一点儿也不沾边儿！

躁起来

叭！

天空 ●

▶ **灰冠鹤**会发出汽车喇叭一样的叫声，它们喙部下方的红色喉囊可以膨胀，有助于发出更响亮的声音。

▶ **沙丘鹤**刺耳的沙哑鸣叫声在1.5公里外就能听见。

▶ 在繁殖季，一对交配中的鹤会大声地演唱二重奏。

▶ 鹤的气管随着它们的发育成熟会越来越长。当鹤成年时，气管已经长到无法直直地生长在体内，所以会像铜管乐器一样绕几个弯。**美洲鹤**的气管是最长的，拉直了大约有1.5米。

组建家庭

▶ 通常来说，鹤的一生只有一个伴侣。但是如果双方发展得不顺利，有的时候它们也会"离婚"，寻找新的配偶。

▶ 鹤蛋长约10厘米，幼鸟刚孵化出来的体型与一个大苹果相当，不过它们很快就会长大。鹤宝宝的生长速度极快，有的时候在几个月内就能长高1.5米。没有什么动物能有这样的生长速度，若人类要长高1.5米，可能得花上几年的时间。

▶ 鹤宝宝的身体机能是早熟的，它们在出生时眼睛就睁开了，孵化后便会走路。出生后能立刻睁眼走路的动物幼崽有一个特殊的称呼——"早成动物"。

又高又瘦

赤颈鹤是世界上长得最高的飞鸟，可达1.8米，比许多成年人还要高。然而它们的身高在2.5米长的翼展面前也相形见绌。赤颈鹤苗条纤细，并不是最重的鹤。**丹顶鹤**才是最重的鹤类，体重可达12千克。

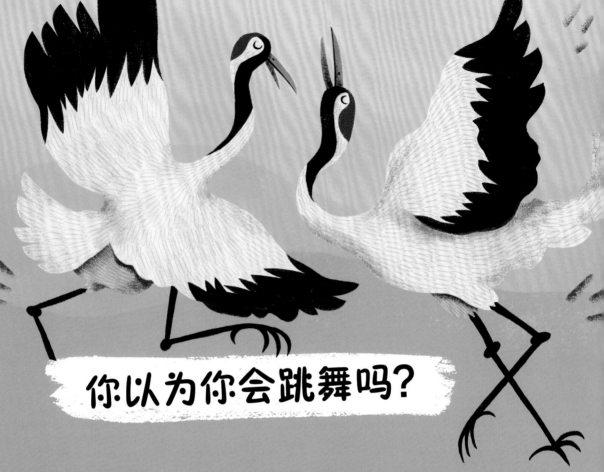

你以为你会跳舞吗？

鹤经常会用舞蹈来打动配偶，成双成对地舞动身体。鹤不仅会为了爱情起舞，它们还会随时随地跳起舞来，有时甚至成群起舞。年幼的鹤从爸爸妈妈那里学习舞蹈，有的时候，它们会练习好几年，在准备组建家庭时才会拿出看家本领。

鹤的舞蹈是怪异的，可以非常优雅，也可以十分搞笑。它们会快速地上下点头，跳来跳去，拍打翅膀，屈膝下跪，有时向后甩头并发出巨大的鸣叫声。它们还会将食物和树枝扔向空中，卖弄舞姿。

鹤群

许多鹤喜欢在温暖的地方过冬，春天时再飞回寒冷的地方繁殖。一群鹤在空中迁徙的景象是震撼人心的，不过这并不常见。因为有些鹤能飞至万米高空，和飞机的飞行高度相差无几。

险境中的鸟

在1941年，世界上就只剩下16只**美洲鹤**了，栖息地的流失和人类狩猎使这种美丽的鸟类几近灭绝。通过人们的努力，它们的数量有所回升，但野生美洲鹤的数量仍不容乐观。

鹤立鸡群

▶ 除了头顶的红色帽子，**沙丘鹤**大体是灰色的，喙部因为寻找食物而常常覆满泥巴。它们会用鸟喙梳理羽毛，直到羽色呈现出独特的红色或者棕色。

▶ **灰冠鹤**不需要使用泥巴来突出自己，因为它们头顶的浅金色羽毛就像一顶王冠，气派十足。

我曾经到访过位于美国威斯康星州的国际鹤类基金会，那里的工作人员花费了不少心血，努力创造出鹤类能够繁衍生息的栖息地。基金会饲养了世界上所有种类的鹤，仅需一个半小时，你就能见到每一种鹤，不用再花上几个月的时间到野外去寻找它们了。

吃玉米的鹤

鹤类通常会捕食水栖动物，比如鱼类和蛙类，但它们也会吃昆虫、老鼠，甚至蛇。植物也是它们的食物。鹤类有的时候会在荒野觅食，有的时候也会食用农民伯伯种植的玉米。在迁徙时，**沙丘鹤**经常会在中途休整。它们会在美国的内布拉斯加州停下休息，食用收割完成后被剩在地里的玉米。玉米地与普拉特河距离不远，这里成了鹤群完美的休息站，让它们能够与同类会合、吃饭、睡觉和补充能量，再继续前进。

天空 ●

猫头鹰

大多数猫头鹰都在夜间行动，你可能没有太多机会亲眼看到它们。你会惊讶于有些猫头鹰的庞大体型，或者它们拥有的奇怪习性，包括用长着鳞片的大脚在地上奔跑和收集自己的粪便。

在英语中，一群（猫头鹰）可以用 a parliament表示。

气候变化

气候变化对部分猫头鹰的栖息地造成了破坏，比如生活在新几内亚高寒草甸上的**乌草鸮**。有些猫头鹰需要在古老大树的树洞中筑巢，砍伐森林导致它们失去了栖息地，让它们难以找到适合筑巢的树木。

在哪里可以看见猫头鹰？

除了南极洲，其他大洲上都有猫头鹰的身影。

捕猎习惯

猫头鹰通过灵敏的听力进行捕猎。即使猎物在泥土、树叶和雪下移动，部分猫头鹰也能听得见。而且它们还有许多不同的捕猎技巧。

▶ 猫头鹰通常会坐在树枝上，一动不动，看上去就像睡着了一样，其实它们正全神贯注地观察下方的猎物呢！只要合适的猎物出现了，猫头鹰便会敏捷地飞扑过去。

▶ 猫头鹰也经常会在飞行途中捕猎。它们长着宽厚的翅膀，能在空中滑翔。翅膀柔软的边缘呈锯齿状，可以让它们悄无声息地飞行，偷袭猎物。在可怜的猎物听见动静之前，猫头鹰就会将它们扑倒。

▶ 正如名字所示，**渔鸮**喜欢吃鱼以及其他水栖动物，比如青蛙。它们通常会坐在河中或者河水旁的石头上，突然向水中的游鱼猛扑过去，用爪子抓住扭动的猎物。

▶ **穴小鸮**大部分时间生活在陆地上，它们会奔跑着追赶猎物。这种奇怪的猫头鹰还会把储藏的粪便放在洞穴四周，引诱蜣螂（qiāng láng）。当蜣螂靠近后，穴小鸮便迅速地抓住它们并吞下肚子。

夜猫子

虽然有的猫头鹰会在白天捕猎，但大多数猫头鹰都在日出时入眠。猫头鹰的颜色和羽毛上的花纹可以很好地和环境融为一体，也就是说，即使在大白天睡觉，它们也不需要找一个安全的藏身之处。如果猫头鹰在树上打盹儿，你就算从它面前路过，可能也无法发现它。

猫头鹰吃老鼠，对吗？

猫头鹰是食肉动物，不挑食，部分种类的猫头鹰的食物超过了100种。小型猫头鹰通常会食用昆虫，大一些的猫头鹰能够抓捕体型是它们2—3倍的猎物。猫头鹰的常见食物包括老鼠、兔子和小型鸟类，它们也会吃一些令人意外的食物，比如树袋熊、浣（huàn）熊、雕、鹭（lù）、猴子、臭鼬、树懒、小型鹿、狐狸幼崽和疣猪，甚至还有刺猬。

哎哟！

鸮之眼

虽然猫头鹰的视...并不完美，但它们用...酷的特点弥补了每一...缺陷，从而拥有了极...出色的视力。

▶ 猫头鹰的眼球形状与人类不同，人类的眼球是圆的，而它们的是长管状的。这也意味着它们的眼球无法在眼眶中灵活地转动，观察四周情况。为了弥补这个生理特征，猫头鹰的椎骨（组成脊椎的骨骼）数量是其他鸟类的两倍，所以它们能够轻松地转动头部，看见后方的东西。

▶ 猫头鹰的色彩感知能力并不强，但夜间的视力极为突出。它们能够看出黑色与灰色之间的细小差别，所以即便在黑暗模糊的夜晚，它们也可以观察到环境中最细微的动静。

▶ 猫头鹰的远视能力很好，但是看不清近在眼前的物体。为了能够识别身边的物体，猫头鹰的喙部覆满了羽毛。这种敏感的羽毛能够帮助它们感知物体，包括因为离得太近而看不清的猎物。

▶ **大雕鸮**的眼睛是猫头鹰中最大的，如果它们长得和你一样高，那么它们的眼睛会像橙子一样大。

唾余

猫头鹰通常会把猎物整只吞下，只有当猎物尤为庞大时，才会撕成条状。这个习惯给猫头鹰带来了一个有趣的副作用——每天都会呕吐，有时候一天还会呕吐多次。所以，猫头鹰并不是因为吃坏了肚子才呕吐的。而且，它们的呕吐物也不像人类的是黏糊糊的，而是一个个硬硬的小球。这些小球由无法消化的食物组成，包括猎物的皮骨和羽毛。

恶心！

游泳？

猫头鹰会游泳，但只有在必要时才会下水，比如不小心掉进水里的时候。你可以想象猫头鹰奇怪的游泳姿势：它的头露在水面，伸展着的翅膀努力地支撑身体不下沉。它的翅膀就像一双船桨，带着在水里浮浮沉沉的身体，划向岸边。猫头鹰无法在水中起飞，所以只能游到岸上，等翅膀干后再回到空中。

温馨的家

▶ 包括**大雕鸮**在内的有些猫头鹰会抢占其他鸟类的巢穴，比如乌鸦和喜鹊的。

▶ 眼球突出的**古巴角鸮**喜欢自己筑巢，它们会在树上，通常是在棕榈树上，挖出一个小小的洞穴。

▶ 部分栖息在沙漠里的猫头鹰会在仙人掌中养育宝宝，比如**姬鸮**和**棕榈鹠**（xiū liú）。它们会使用啄木鸟在仙人掌上啄出的洞穴。

▶ **穴小鸮**不在树上筑巢，而是住在地洞中。它们有时会自己挖洞，有时也会霸占草原犬鼠、犰狳（qiú yú）和地松鼠的洞穴。

▶ **草鸮**只居住在陆地上，它们会在草丛中开凿出一条坑道，将巢穴隐藏在其中。

猫头鹰可以生活在森林、雪地苔原和沙漠，甚至城市郊区。不同种类的猫头鹰的巢穴有着很大的区别。

天空

好大一口！

世界上曾出现过的最大的猫头鹰是**古巴巨型猫头鹰**。这种猫头鹰现在已经灭绝了。它们曾经生活在加勒比海的古巴岛上，站立起来有1.1米高，和一个6岁人类儿童的高度差不多，体重最轻的也有9千克。它们是出色的猎手，能够轻易地杀死巨型树懒的幼崽。这种树懒现在同样已经灭绝，曾经也栖息在古巴岛上。

◆ 我和动物的小故事 ◆

一些**猛鹰鸮**栖息在澳大利亚悉尼的植物园中，那里是能见到它们的最佳地点之一。植物园中有几株硕大的澳大利亚大叶榕，**猛鹰鸮**通常就栖息在这些植物上。有一次，我走在植物园中，在地上看见了一堆袋貂的内脏。我知道这意味着什么！我抬头看向大树，果不其然，树上有一只**猛鹰鸮**，它用爪子牢牢地抓着一只环尾袋貂。如果想要看到猫头鹰，你必须非常仔细地观察。首先看看地上是否有猎物残骸，比如狐蝠的翅膀，或者袋貂及老鼠的骨骼内脏。猫头鹰在吃食的时候，通常会掉落一些食物。然后再抬头看看，如果什么也没有看见，不要泄气。你最后或许会在树叶最繁密处看到一只长满羽毛的大猫头鹰，甚至还能看到一大家子！

鹈鹕

鹈鹕最显著的特征就是"大"，世界上现存的8种鹈鹕都有着粗大圆润的身体、覆满了鳞片的大脚和硕大的翅膀。它们身上最引人注目的部位毫无疑问就是那史无前例的大喙。鹈鹕的大喙可以做出不少超酷的事情，而在鱼类看来，它们的喙是恐怖的。视角不同，观点自然也不同。

组建家庭

鹈鹕通常成群繁殖，成百上千只鹈鹕会聚在一起下蛋。鹈鹕爸爸和妈妈会共同分担照顾鸟蛋的责任，它们通常会用硕大的脚掌让蛋保持温暖。

性感的毛发

卷羽鹈鹕头上顶着许多长长的羽毛，看起来就像人类做的发型，甚至像一顶羽毛假发。

在哪里可以看见鹈鹕？

除了南极洲，其他大洲上都生活着鹈鹕。

在英语里，一群（鹈鹕）可以用a scoop表示。

俯冲捕鱼

褐鹈鹕与其他鹈鹕的捕食习惯不一样。它们喜欢在水面上飞行，用敏锐的目光搜寻食物。一旦发现鱼类后，它们就会快速地冲向水面，将鱼打晕，然后大口吞下。大多数动物在如此急速的俯冲及撞击后都会受伤，而褐鹈鹕有不少防止自己受伤的小妙招。

▶ 在俯冲时，褐鹈鹕会收缩所有肌肉，这样在撞击水面时可以有效防止颈部折断。

▶ 这种鹈鹕的呼吸和进食器官（气管与食道）都位于颈部的右侧，所以当它们向水面猛冲过去时会向左转身，以避免脆弱的器官直接与水面相撞。

▶ 褐鹈鹕的皮肤下方长着特殊的气囊，在降落时这种气囊便会膨胀，以减轻撞击力。

我和动物的小故事

澳大利亚的鹈鹕通常对人类比较提防，但是一年中的某些时候，在它们实在饿得不行时，也会向人类乞求食物，尤其是生活在悉尼周围的鹈鹕。曾有一段时间，每当我在霍克伯里河钓鱼时，我的鹈鹕朋友就会到我最喜欢的钓鱼地点来看我，我也会为它们留下一些鱼。

冠军的大喙

▶ 鹈鹕的喙是鸟类中最长的，有时甚至能达半米长。下方悬挂的喉囊也无比巨大，可以装下13升水。

▶ 澳洲鹈鹕的喉囊通常是淡粉色和黄色的结合，不过在繁殖季节，颜色会变得非常鲜艳，还会掺杂着一些亮蓝色。产卵后，喉囊颜色便会复原。

▶ 白鹈鹕在交配的时候，喙部会生出肿块，看上去就像一只角。产卵后，肿块会自然脱落。有人认为，这种特殊的肿块可以提升鹈鹕对潜在配偶的吸引力。

如何讨鹈鹕欢心?

在繁殖季节，雄性**澳洲鹈鹕**会互相竞争，以吸引雌性的注意力。一群雄性鹈鹕会追随在雌性鹈鹕身后，把鱼类、树枝以及其他物品抛向空中，左右摇摆它们的大喙，希望讨雌性鹈鹕的欢心。最后，雄性鹈鹕会一个接一个地退出，这就像真人秀中的选手被依次淘汰出局，只剩下一个胜出者一样。

我曾经听说鹈鹕偶尔会食用其他鸟类，甚至连吉娃娃也不放过。有几次，我还见到了和海雕扭打在一起的鹈鹕。海雕小的时候是非常蠢笨的，它们什么也不会，所以什么都会去试试。小海雕通常在食物匮乏的时节学习飞行，所以它们总是处于觅食状态。小海雕四处飞行时，如果看到了一群鹈鹕，它们就会想："噢！这看起来挺好吃的。"当然了，如果它们设法抓捕鹈鹕，是没有任何赢面的。鹈鹕只需张开大喙，放声大叫"啊啊啊"，小海雕马上就会放弃捕食计划，转头逃跑。

谁在吃饭?

你已经知道了鹈鹕会吃鸟类，所以当你看到鹈鹕宝宝将头伸进父母硕大的喙里时，你或许会感到担心。不过没事的！鹈鹕宝宝并不会被成鸟吞进肚子里，它们正在享受美食呢。幼鸟无法自行捕食，所以在饿了的时候，会从父母的嘴里吃些反刍的鱼肉糜。

美味！

去捕鱼

虽然鹈鹕的大喙比胃部还能装，但是它们不会将食物储存在喙中。它们只要捕到猎物便会吞下，因为新鲜的才是最好的！

▶ 在捕鱼时，大部分鹈鹕会漂浮在水面，把喙部浸入水中。它们的喙根部长有致命的钩子，就算是最滑溜的鱼也无法逃脱。当鹈鹕有所收获时，便会收紧喙部肌肉，把和猎物一起带上来的水全部排出，然后将猎物一口吞下。

▶ 大多数种类的鹈鹕会成群捕猎与进食，联手对付猎物，它们甚至还组队形。鹈鹕通常会排成一条曲线，在水面用力拍打翅膀，把喙戳入水中，将鱼群赶到一起，这样可以方便捕食。有的时候，鹈鹕甚至还会引导鱼群游到浅水区域，以便实施抓捕。

▶ 鹈鹕总是借助自己庞大的身躯，抢夺其他鸟类的食物，这一点可是出了名的。然而，鹈鹕也有成为受害者的时候：鸥会站在鹈鹕的头上静静等待，当鹈鹕捕到鱼后，鸥会迅速地抢走它们的食物，然后大快朵颐。

狡猾！

天空 •

海鲜餐

鹈鹕是肉食性动物，对于食物并不挑剔。它们最常吃的食物是鱼类，有时候也会吃水栖动物，比如澳洲小龙虾、小龙虾、蛙类和水龟。它们还会吃其他鸟类，包括海鸥、小鸭子和鸽子。鹈鹕没有牙齿，所以会将猎物整只吞下，通常会从头部开始。

残忍！

谁的体型更大，
是你的还是鹈鹕的？

鹈鹕是世界上最重的飞鸟之一。**卷羽鹈鹕**是体型最大的鹈鹕，体重有时可接近15千克，比斑点狗成犬的一半还多。它们的身高可达1.8米，比部分成年人还要高（包括碧昂丝①）。卷羽鹈鹕的翼展更为惊人，可超过3米。

①碧昂丝·吉赛尔·诺斯是美国著名女歌手，她的身高为1.7米。——编者注

蜂鸟

蜂鸟有338种，大部分都不会唱歌或发出嗡嗡声。蜂鸟之所以叫这个名字，是因为它们的翅膀在以超出人类眼睛可识别的极快速度进行振动时，会发出嗡嗡的声音①。蜂鸟的羽毛色彩斑斓，因此赢得了"飞行珠宝"的美誉。蜂鸟不仅貌美，就其身体比例来说，蜂鸟还有着鸟类中最大、动物中第二大的大脑。

在哪里可以看见蜂鸟？

蜂鸟广泛分布在美洲大陆。从阿拉斯加到南美洲的最南端都有蜂鸟的踪迹。蜂鸟在南美洲尤为常见。当人们想到蜂鸟时，脑海中的景象一般是：它们栖息在雨林中，吸食着奇异的热带花朵的花蜜。许多蜂鸟确实在热带地区繁衍生息，但它们的适应能力非常强，有些种类的蜂鸟居住在空气稀薄的寒冷高山上，甚至还有一些居住在沙漠里。

在英语中，一群（蜂鸟）可以用 a charm 表示。

①蜂鸟的英文名为hummingbird，hum在英文中为"嗡嗡声"的意思。而在中文里，因为蜂鸟翅膀振动发出的嗡嗡声与蜜蜂类似，所以唤作蜂鸟。——译者注

吃花的鸟

蜂鸟用特殊的身体部位采集花蜜。

▶ 每一种蜂鸟的喙部都有少许不同，以适应从它们最喜欢吃的花朵中采食花蜜。有些蜂鸟的喙特别长，可以伸进长长的喇叭状花朵中收集花蜜。有些蜂鸟的喙是直的，也有一些是向下弯曲的，以适应不同花朵的形状。

▶ 蜂鸟的舌头几乎是透明的，通常是喙的两倍长，舌尖分叉，有点儿像蛇的舌头。它们的舌头是空心的，就像两根管状物。当蜂鸟将舌头伸进花蕊时，管状物中便填满了花蜜。不过蜂鸟舌头的工作原理与吸管并不一样，它们不是通过管状物吸取花蜜的，而是每次都要将舌头收回，把花蜜送进嘴里。所以，当蜂鸟在进食的时候，它们的舌会迅速地进进出出。

吃不饱

蜂鸟的新陈代谢速度很快，比包括人类在内的大多数动物都要快。这意味着它们的能量很快便会消耗殆尽，需要不停地进食才能保持体力。每天，蜂鸟都能吃进自身体重3倍的食物量。

▶ 蜂鸟是杂食动物，主要的食物是花蜜，但它们也会食用昆虫和蜘蛛。

▶ 部分蜂鸟能够在一天内采食1000多朵花。它们有着出色的记忆力，能够清楚地记得最好的花蜜在哪里，并会重复采食同样的花朵。

▶ 蜂鸟可以帮助植物授粉，在它们采食花朵的过程中就能够传播花粉。部分植物只能通过蜂鸟传粉，如果没有了蜂鸟，这些植物便无法存活。

气候变化

气候变化会对森林造成破坏，从而对依赖森林的蜂鸟产生巨大的影响。

天空 ●

113

耀眼的羽毛，勇敢的俯冲

雄性蜂鸟通常拥有更特别的外表：羽毛鲜艳，尾羽精致。它们借助华丽的外表和运动员般的体格来吸引配偶。

▶ 包括**红喉北蜂鸟**和**蓝喉宝石蜂鸟**在内的许多蜂鸟的喉部长着颜色鲜明的羽毛，这些羽毛在光照下更为绚丽。蜂鸟们会找到最佳的角度来展示自己的羽毛。

▶ 部分雄鸟会展开喉部的羽毛，来吸引雌性。**星蜂鸟**就是如此，它们的颈部长有漂亮的粉色羽毛，这些羽毛能够膨胀成令人无法忽略的羽毛尖刺。

▶ 有些雄鸟，比如**叉扇尾蜂鸟**，它们的尾羽很长，像头发一样，尾巴末端带有一盘颜色鲜艳的扇状羽毛。它们会在雌鸟面前盘旋，摇曳自己的尾羽，以获得雌鸟的青睐。

▶ 雄性和雌性的**盘尾蜂鸟**在腿部都长有一撮毛茸茸的白色羽毛，这些白色羽毛就像是一双迷你小靴子。

▶ **朱红蜂鸟**和**科氏蜂鸟**会连续做出奇异的俯冲动作以吸引配偶。它们首先会飞到空中，快速地向下急飞40米，然后再次飞到高空，如此重复多次。当它们俯冲时，疾风会穿过它们的羽毛，发出与众不同的啁啾声。

去度假

虽然有一部分蜂鸟在冬天时不会迁徙，但许多种类的蜂鸟会长途跋涉以躲避寒冷，去追寻阳光和含有花蜜的花朵。**棕煌蜂鸟**的迁徙距离是最长的，它们的夏天栖息地阿拉斯加，与冬天的避寒胜地墨西哥之间的距离接近5000公里。

我和动物的小故事

有一年我居住在波士顿附近，经常看见巨大的"昆虫"，听见它们在花丛中窜来窜去的声音，我很是吃惊。直到有一次，一只"昆虫"在花丛前盘旋了片刻，我才看清它们根本不是昆虫，而是**红喉北蜂鸟**。

组建家庭

蜂鸟会选用不同的植物搭建舒适的巢穴。不同种类的蜂鸟搭造的巢穴形状也不尽相同，有些巢穴底部是圆的，有些则是尖的。有时它们会将巢穴建在树叶下方，这样雨水就不会打湿它们的小家。不同种类的蜂鸟产出的蛋也大小不一，不过总体来说，都非常迷你。

是鸟还是蜂？

蜂鸟是世界上最小的鸟，蜂鸟科的学名是 *Trochilidae*，在希腊语中是"小鸟"的意思。最小的蜂鸟是**吸蜜蜂鸟**，体重轻得可怜，仅有1.8克，相当于一张扑克牌的重量。它们的身长不超过5厘米，仅比一块奥利奥饼干的直径长一点点。这种颜色鲜艳的绿色小鸟生活在古巴，当地人称它们为zunzuncito，因为zun zun的发音与它们飞行时发出的嗡嗡声类似。即便是最大的蜂鸟，体型也不大，**巨蜂鸟**比吸蜜蜂鸟大得多，但也仅有20厘米长，约为一根大香蕉的长度。

最小的蜂鸟蛋与一颗嘀嗒口香糖①相差无几。

①嘀嗒口香糖（Tic Tac）是澳大利亚本土的一个糖果品牌。——编者注

摆脱雨水

蜂鸟被大雨淋湿后，它们会像狗狗一样，疯狂地甩动头部与身体，将雨滴甩出去。在这个过程中，它们会激烈地扭动头部，转动的幅度甚至能达到90度。

风力大师

蜂鸟的飞行方式与其他鸟类不同。

▶ 蜂鸟飞行时除了上下拍动翅膀，还会做出复杂的旋转动作，以获取额外的动力。负责振动翅膀的胸肌很是健硕，占据了蜂鸟体重的30%。

▶ 蜂鸟不但可以向后飞，还能肚子朝天地躺着飞。

▶ 蜂鸟是唯一一类可以在空中原地停留30秒的鸟类，它们甚至一次可以停留几分钟。

▶ 蜂鸟翅膀的振动速度最快可达每秒100次，快得让人看不清它们的翅膀。

牛椋鸟

从牛椋鸟的名字你或许就能知道关于这种鸟的许多信息——它们通常会出现在包括牛在内的大型动物的身上，而且它们喜欢啄食。牛椋鸟的学名是*Buphagus*，意思是"食牛者"，不过这个名字有些误导人，因为这种小小的鸟类是无法吞下一头牛的。但是它们的食物依然令人震惊。

牛椋鸟仅生活在非洲，那里有许多供它们啄食的大型哺乳动物。

极致的小睡时间

白天的时候，牛椋鸟时不时地会在寄主动物身上打瞌睡。当寄主四处走动时，它们会牢牢地抓紧寄主的身体。有的时候，它们甚至会在寄主身上过夜。

在英语中，一群（牛椋鸟）可以用a fling表示。

别过来！

当牛椋鸟感受到威胁时，它们会发出嘶嘶的叫声。这能有效地提醒寄主动物，附近或许有危险。

牛椋鸟是什么样子的？

牛椋鸟有两种不同的种类：**红嘴牛椋鸟**与**黄嘴牛椋鸟**。红嘴牛椋鸟的喙部是红色的，而黄嘴牛椋鸟的喙部的基部是鲜艳的黄色，喙的尖端是明亮的红色。

在长颈鹿身上能找到什么好吃的？

牛椋鸟栖息在寄主动物身上，把能找到的所有虫子都吃掉。它们吃的虫子多种多样，包括苍蝇、蛆和跳蚤，尤其喜欢吃虱子。其实，牛椋鸟真正喜爱的食物是血液，而虱子会钻到寄主动物的皮肤中吸食血液。当牛椋鸟将它们拔出来时，虱子就像是虫子版的果酱甜甜圈，外壳松脆，里面充满了黏糊糊的红色血液。真是美味！血液不是牛椋鸟吸食的唯一体液，它们还会愉快地吞下鼻涕、口水、眼泪和眼屎，除此之外，还吃些开胃小食，比如头屑和耳屎。

呕！

不寻常的房子

在大部分时间里，牛椋鸟都和比自身大得多的动物待在一起，它们喜欢栖息的动物包括牛、长颈鹿、犀牛、斑马、水牛、河马和羚羊，尤其喜欢毛多的动物。牛椋鸟拥有的强壮脚部和锋利爪子使它们的抓握能力惊人，能够挂在寄主身上的任何地方，以惊人的角度保持平衡。

部分动物，比如大象，它们不喜欢牛椋鸟在周围嗡嗡乱飞。就像你会挥手赶走苍蝇一样，大象通常也会把牛椋鸟甩掉。

你可以永远住在野生动物身上吗？

虽然牛椋鸟可以在寄主身上吃饭、睡觉、玩耍，甚至交配，但是它们也有不得不离开的时候。首先，寄主身上没有水（不含盐分的淡水，眼泪可不算数），口渴的牛椋鸟需要到别处寻觅水源。其次，在移动的动物身上产卵是不切实际的，鸟蛋会滚落下来。牛椋鸟会在树洞里筑巢，铺上草和羽毛，以及它们从寄主动物的皮肤上拔下的毛发。

天空

117

啄木鸟

啄木鸟属于啄木鸟科，因持之以恒地在树上钻洞而闻名，不过，树并不是在它们锋利喙部下的唯一"受害者"！初看啄木鸟，它们似乎是具有破坏性的鸟类。其实啄木鸟会让树木变得更健康，它们通过在树上凿洞来消除钻入树皮、对树木造成伤害的害虫。啄木鸟科下的所有鸟类统称为啄木鸟，但是其中的部分鸟类有着自己的名字，比如**吸汁啄木鸟**、**姬啄木鸟**和**蚁䴕**（liè）。

在英语中，一群（啄木鸟）可以用a descent表示，一群（吸汁啄木鸟）有时则用a slurp表示。

在哪里可以看见啄木鸟？

在澳大利亚、新西兰、新几内亚、马达加斯加以及两极区域，人们是看不见啄木鸟的。除此之外，世界各地都生活着啄木鸟，在南美洲和东南亚地区尤为常见。

各种各样的零食

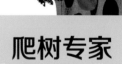

大多数啄木鸟会食用大量的虫子。它们使用尖锐的喙部在树干上钻洞，吃掉生活在树皮下、树干中的小虫子。不过啄木鸟的菜单选择非常广泛，它们会吃一些别的食物。

▶ 许多啄木鸟会时不时地吸食树汁，**吸汁啄木鸟**对此尤为疯狂。它们会在树上啄出很多小洞，从而吸食流淌在树皮下面的汁液，有时这会让树干变得坑坑洼洼的。啄木鸟并不是用喙部吸食树汁的，而是使用舌头舔食。

▶ **吉拉啄木鸟**及其近亲鸟类会使用尖锐的喙部凿开其他鸟类的雏鸟头骨，吃掉里面的大脑和血液。

▶ **金额啄木鸟**非常喜欢吃仙人掌果，它们的面部因为果实中的汁液而变成了紫色。

▶ **橡树啄木鸟**喜欢吃——你一定猜到了——橡果。它们在树干上啄出橡果大小的洞穴，每一个洞穴用于储藏一颗橡果。有的时候，橡树啄木鸟可以在一棵树上存放5000颗橡果，每一颗都有自己的小洞。它们也会在别的地方储藏果实，比如电线杆、篱笆，甚至连木质的房子也不放过。

天空 ●

爬树专家

很多啄木鸟会花大量的时间待在树上觅食。它们用锐利的爪子紧紧地攀着树皮，可以直上直下地在树干表面行走。许多种类的啄木鸟长着尤为坚硬的尾羽，以帮助它们在树上保持平衡，尾羽就像是第三条腿。它们的尾羽末端有锋锐的尖刺，这也可以帮助它们牢牢地抓住树皮。

真方便！

住在树屋里

啄木鸟父母们通常会在树干上凿洞筑巢，而**竹啄木鸟**会把家安在竹子上。生活在沙漠中的啄木鸟，比如**吉拉啄木鸟**和**纹背啄木鸟**，它们会在仙人掌中啄洞筑巢。生活在陆地上的啄木鸟会在地面挖洞用作巢穴，比如**安第斯扑翅䴕**，而**草原扑翅䴕**会直接在白蚁丘中搭建巢穴。

啄木鸟有多大？

最大的啄木鸟是**大灰啄木鸟**，可以生长至50厘米高。**姬啄木鸟**是最小的啄木鸟，有些身高还不到8厘米。姬啄木鸟不像许多啄木鸟那样都有坚硬的长尾巴，有的姬啄木鸟甚至连尾巴也没有。

捉·小·虫，吸树汁

啄木鸟的长舌头很灵活，可以伸进树干上的裂缝或者孔洞中，吸食里面的昆虫或树汁。啄木鸟的舌头不像人的舌头只待在嘴里，而是可以围着头骨绕上一圈，就像是一根绑着午餐盒的松紧带。有些啄木鸟的舌头长达10厘米。不同种类的啄木鸟的舌头也不一样，每一条都能完美适配它们各自喜欢的食物。

▶ **吸汁啄木鸟**以及其他喜欢吸食树汁的啄木鸟，它们的舌头上长满了奇怪的毛发，像是一把小刷子，可以帮助清理液体食物。

▶ 喜欢在树木中寻觅昆虫幼虫的啄木鸟，它们的舌尖都带有倒钩，以便抓捕猎物。

▶ 在地上觅食的啄木鸟，比如**北扑翅䴕**，它们喜欢吃蚂蚁，所以舌尖平整，方便在猎物想要逃跑时用舌头将其舀起来。

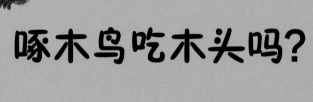

啄木鸟吃木头吗？

啄木鸟在凿洞的时候，是不会吃到木头的。实际上，它们有着特殊的身体机能，以防止木屑或尘土进入体内。

▶ 啄木鸟的每只眼睛上方都有一层额外的眼皮，以保护眼球不被飞溅的木屑划伤，就像是木匠在工作时会戴的护目镜一样。这层眼皮还有一个额外的作用：当啄木鸟在钻孔时，可以防止眼球破裂或者弹出来。

▶ 啄木鸟的鼻孔附近长有粗硬的毛发，能够防止木刨花进入鼻孔所造成的窒息。

我是玩乐队的

有的时候，啄木鸟啄木既不是为了筑巢，也不是为了觅食，它们就是想发出一点儿噪音。比起雌性啄木鸟，雄性更喜欢不停地敲击树木。每只啄木鸟都有自己独特的节奏，就像人类音乐家有自己的风格一样。这种行为能够吸引异性，也能对领土入侵者起到警告作用。

天空 ●

保护你的头

啄木鸟在1秒内的啄木次数可以超过20次，有的时候，它们1天内的啄木次数甚至超过10000次。光是想想我们就会头疼了，那么这些鸟是如何日复一日地啄木的呢？

▶ 啄木鸟的头骨外层非常坚硬，内侧有一层海绵缓冲层。这层多孔的缓冲区吸收了啄木时产生的所有冲击力，很好地保护了大脑。

▶ 啄木鸟颈部有非常多的肌肉，当它们在树上跳来跳去时，这些肌肉可以保护它们的脊椎。

▶ 啄木鸟小小的大脑被头骨紧密地保护着，面对前方的是一片平整的区域，这块区域能够分散冲击力。

▶ 当啄木鸟在啄木时，它们的动作非常迅速。它们的喙部与树木接触的时间甚至不到1毫秒，如此短时间的接触能够保护大脑不受到伤害。

是鸟还是蛇？

蚁䴕，俗称歪脖鸟。当它们受到威胁时，会发出与蛇类似的嘶嘶声，以吓走捕食者。它们不只拥有这么一个奇怪的技能。蚁䴕的颈部也异常灵活，能够旋转180度，让它们望向身后，这也是它们的名字（歪脖鸟）的由来。

121

森林

树袋鼠

在英语中，一群（树袋鼠）可以用a mob表示。

你可能以为自己很了解袋鼠：它们不就是在澳大利亚内陆蹦来蹦去、毛茸茸的大型动物吗？你也可能觉得袋鼠不会爬树。然而，你错了！一般的袋鼠如果尝试爬树，这确实非常奇怪，但这不适用于树袋鼠。你从树袋鼠的名字或许就能猜到，这些长着细绒毛的家伙与袋鼠有着亲缘关系，只不过它们生活在树梢。虽然树袋鼠体型庞大且笨拙，但是它们在树上非常灵活。那么树袋鼠除了会爬树，它们和陆居袋鼠还有什么区别呢？继续读下去，你马上就能了解到一切（是关于树袋鼠的一切，而不是所有的一切。如果是后者，本书可讲不完）。

在哪里可以看见树袋鼠？

树袋鼠生活在新几内亚、澳大利亚东北部的雨林，以及印度尼西亚巴布亚省的高山草甸。

自带雨衣

树袋鼠的肩膀附近长有一片特殊的螺旋状毛发，能让雨水从皮毛上流过，而雨水不会被吸收进皮肤。每种树袋鼠的螺旋状毛发的位置都略有不同，这个原因非常巧妙：不同种类的树袋鼠喜欢以不同的姿势打盹儿，而这自带的防水系统会依据它们的睡觉姿势，生长在最佳的防雨位置。

新技能

树袋鼠的祖先是自行学会了爬树的岩袋鼠，这真是非常厉害的技能突破。

森林

我和动物的小故事

我有幸发现并命名了4种树袋鼠：**史氏树袋鼠、白腹树袋鼠、金肩树袋鼠和塞氏树袋鼠**。前3种树袋鼠的名字均为新几内亚当地的名字[①]，而最后一种是以我最好的朋友莱斯特·塞里命名的。莱斯特·塞里是我在新几内亚时的全程旅伴。这些袋鼠都栖息在极为偏远的高山上，所以没有被其他的生物学家发现。不过当地人非常了解它们，与我分享了许多关于它们的信息。

在森林中，想看到树袋鼠并不容易。如果它们发现了你，便会迅速地爬到树干背后，永远和你处于相反的方向，并从树干后偷偷观察你是否在靠近它们。

我也曾照顾过树袋鼠宝宝，它们的妈妈被狗咬死了。晚上，它们喜欢蜷缩在我的怀里，被我带着到处走。它们是无比有爱的小伙伴。

①这3种树袋鼠的原文名字分别为：tenkile、dingiso和weimanke。——译者注

气候变化

部分树袋鼠仅生活在特殊的雨林中或寒冷的山巅附近。随着地球变暖，喜温植物的生长海拔越来越高，树袋鼠的栖息地也逐渐缩小。如果我们任由气候变暖长期发展下去，树袋鼠的栖息地将会完全消失，最终它们将走向灭绝。

不如睡觉

树袋鼠会在树梢间进行"死亡跳跃"，但大多数时间里，它们是非常悠闲的。它们更喜欢蜷缩在树枝上，将头塞进臂弯里，慵懒地打盹儿。

它们如何行动？

和其他袋鼠一样，树袋鼠在地面上是跳着走的，而且它们也可以在树梢间跳跃。部分种类的树袋鼠还会一脚在前、一脚在后地在树枝上行走。这对于袋鼠来说是非常奇怪的行为，树袋鼠是唯一一类会这么走路的袋鼠。如果你和树袋鼠一样，做出这样危险的动作，一步踏错便会从树上摔下来。但树袋鼠并没有这个顾虑，因为它们能在不受伤的情况下从非常高的树上跳下来，这个高度真的非常高，接近20米，相当于2.5辆巴士的长度。如果你有蝙蝠侠的技能，或许可以试试，否则的话，从这样的高度往下跳，人类会摔得很惨。

与众不同

树袋鼠的相貌非常奇怪。虽然它们是袋鼠的一类，但长相与生活在地上的标准袋鼠有着巨大的差异。不同种类的树袋鼠长得也不甚相同，每一种都有自己的独特风格。用以下两种树袋鼠举例，它们看上去一点儿也不像。

▶ **白腹树袋鼠**长着黑白毛发，看上去就像是小型熊猫。

▶ **古氏树袋鼠**的毛发是栗色的，腹部和爪子则是黄色的。后背带有两条竖直的平行黄色条纹。它们还有一双明亮的蓝色眼睛。

以斑识友

每一只**赤树袋鼠**的脸部花纹都不一样，每一只**古氏树袋鼠**的尾部花纹也有所不同。科学家们认为，这种聪慧的动物比普通的有袋类动物更喜欢社交，它们从远处就能通过身上的花纹和颜色辨认出自己的朋友及家人。所以，它们到底有多聪明呢？按照体型比例来说，古氏树袋鼠的大脑是有袋类动物中最大的。

虽然树袋鼠和野兔长得一点儿也不像，但是它们的学名是*Dendrolagus*，也就是"树野兔"的意思。真是个奇怪的名字！或许是因为在19世纪的新几内亚，荷兰的生物学家碰到树袋鼠并尝试食用它们时，觉得味道像野兔吧。

森林

一肚子蠕虫

每种树袋鼠都有各自喜爱的食物。大多数树袋鼠的肚子里生长着能够消化食物的蠕虫。当树袋鼠进食完毕后，蠕虫便会等待已经部分消化的食物到达胃部，开始它们的盛宴。**白腹树袋鼠**肚子里的虫子比其他种类的树袋鼠要多得多，大约有25万只。这些瘦长而坚实的虫子如普通的发卡一般粗，是发卡的2倍长。想象一下这个场景：你的体内有一肚子蠕动的虫子。

树袋鼠宝宝

树袋鼠宝宝在刚出生的时候，还不如一颗焗豆子大。它们的首要任务就是从树梢上爬进妈妈的育儿袋里，继续发育。这个动作是很危险的，因为树袋鼠宝宝的后腿在这个阶段还没有发育完全，它们只能用前臂抓住妈妈的毛发。在生命的开端便要承受这么大的压力，树袋鼠宝宝值得在舒适的育儿袋中拥有一个充足的睡眠。

星鼻鼹

如果说鼹鼠是很酷的动物，那么星鼻鼹就是超酷的动物。和其他鼹鼠一样，星鼻鼹花费大量时间在地底挖隧道、吃虫子，但和其他鼹鼠不一样的是，它们喜欢在河里及沼泽中游泳。如果这些毛茸茸的小动物还会骑自行车的话，它们就能完成铁人三项①了。不过，星鼻鼹的游泳技能并不是最引人注目的，人们总是最先注意到它们鼻子外的那团肉肉的触手。

在哪里可以看见星鼻鼹？

星鼻鼹只生活在北美洲，如果你也生活在那里，那么你就能幸运地看到它们了。

在英语里，一群（星鼻鼹）可以用a company（或者a fortress、a labour和a movement）表示。

①铁人三项是一种综合性体育运动项目，比赛由天然水域游泳、公路自行车长跑三种项目组成，运动员需要按顺序、不间断地赛完全程。——编者注

水下·大冒险

星鼻鼹的硕大爪子可以用作铲子来挖掘泥土，也能用来在水中划行。也就是说，它们在陆地和水里都能捕猎，对猎物来说是双重威胁。和人类一样的是，星鼻鼹在水底时，鼻子会向外冒泡泡。和人类不同的是，它们会将泡泡重新吸入。这些气泡能够保留气味，当星鼻鼹吸入气泡后，就能闻到附近的味道，这可以更好地帮助它们追寻猎物。这和人类用鼻子闻味道没有什么不同，只不过是在水底进行。

保鲜膜宝宝

星鼻鼹宝宝在出生时是完全没有视力的，即使年龄渐长，视力也不会有太多的改进。它们的鼻部触手和耳朵被一层像保鲜膜的透明薄膜包裹着，所以新生的星鼻鼹宝宝既听不见声音，也闻不到气味。它们需要在缺失了三大主要感官的情况下坚强生长。这层薄膜不是存在几个小时，而是几个星期。幸运的是，星鼻鼹宝宝在第一个月里会得到父母的照料，然后它们就能自己生存了。

它们真的是一种鼹鼠吗？

3000万年前，星鼻鼹的进化方式与其他鼹鼠开始出现了不同。这就解释了为什么它们会做出一点儿也不像"鼹鼠"的举动，比如游泳。与星鼻鼹亲缘关系最近的动物是俄罗斯麝鼹，这是一种来自欧洲的小型喜水哺乳动物。俄罗斯麝鼹只会在河堤上挖掘坑道，除此之外，它们并没有挖洞的习惯。在大多数时间中，它们都待在水里，只有睡觉时才会来到陆地。

森林 •

吃饭最快的动物

星鼻鼹通常以昆虫及各种小虫子为食，比如蚯蚓。它们也会吃一些奇怪的鱼类。星鼻鼹在捕猎时速度极快，可以在0.2秒内定位一只虫子并把它吃掉。这个速度为它赢得了"世界上吃饭最快的动物"的美誉，对于连食物也看不见的星鼻鼹来说，这已经非常不错了。

所有牙齿

星鼻鼹的牙齿数量能达到惊人的44颗，这些牙齿把它们小小的嘴巴挤得满满当当。幸运的是，星鼻鼹不需要箍牙。

你的鼻子上是趴着一只章鱼吗？

星鼻鼹的名字源于它们奇怪的星状鼻子——看上去就像是一只蠕动着的粉色章鱼。它们的鼻子上有22条极为敏感的触角，这些触角有点儿像是人手的超级版本。你的手上有17000个神经元，这些神经元可以感知你所触摸到的东西，这个数字听上去已经相当厉害了。而星鼻鼹鼻部的神经元数量达到了10万个。星鼻鼹的鼻子只和你的大拇指指尖一样大，可以说，星鼻鼹把所有的力量都集聚在了小小的鼻子上。

大多数星鼻鼹是完全没有视力的，它们依靠鼻部的触手行动与捕猎。在地底时，星鼻鼹通过不停地点头和用触手触摸土地来了解周围的环境。它们能够通过土地中的震动，感受到附近经过的动物，甚至连一只小虫子也逃不出它们的"法眼"。

00:30

会扩大的神奇尾巴

在冬天，星鼻鼹的尾巴会比平常大4倍。因为需要为春天时的繁殖做准备，所以它们会增加体重，将大量的额外脂肪储存在尾巴中。

四季星鼻鼹

星鼻鼹并不惧怕寒冷，它们可以在雪中挖掘坑道，就像在土地里挖掘一样。就算河水开始结冰，它们也不会停止游泳。星鼻鼹厚厚的皮毛就像是一件温暖的夹克，即使在寒冬腊月，拥有这样的皮毛也能让它们在水里保持温暖。

名字的含义

在英语里，雄性星鼻鼹被称为boar，雌性星鼻鼹被称为sow，就像猪的英文用法似的。但是星鼻鼹的幼崽不叫piglet①，不过谁还不是个宝宝呢？星鼻鼹的学名是 *Condylura cristata*，意思是"长有冠羽的瘤尾"。因为它们的尾巴并不是最引人注目的部位，所以还是常用名"星鼻鼹"更为恰当。

娇小但结实

一只完全成年的星鼻鼹体重仅有55克，与一个网球的重量相当。它们的体长约为15—20厘米，相当于一条巧克力的长度。

可爱！

①boar、sow和piglet分别是公猪、母猪和小猪的意思。——译者注

蜘蛛

动物有意思：给孩子的野生动物大书

众所周知，部分蜘蛛是带有剧毒的，而且它们因具有多只脚而行动飞快，但是你知道吗，大多数蜘蛛对人类是无害的。蜘蛛所做的大部分可怕的事情，比如液化猎物或者吃掉男朋友，这些与人类都毫无关系。而且它们身上还有不少令人欣赏之处，比如蜘蛛网上令人惊叹的精细图案和它们的扭臀舞。

你害怕蜘蛛吗？

为什么？

在英语中，一群（蜘蛛）可以用a clutter或者a cluster表示。

快乐一家人

对于蜘蛛来说，组建家庭是一件残暴的事情。有些蜘蛛甚至在交配的过程中就会丧命。许多雌性蜘蛛，包括**间斑寇（kòu）蛛**，又称黑寡妇蛛，在交配后会将雄性吃掉。雄性蜘蛛的体型通常小于雌性，所以如果雄性蜘蛛的伴侣决定把它们当作一顿美食，它们是没有机会逃脱的。

澳大利亚**蟹蛛**妈妈会抓捕昆虫以喂养孩子。但在冬天食物稀少的时候，蟹蛛妈妈会给孩子们提供最后一顿饭——自己。

母爱的奉献

森林

蜘蛛都吃肉吗？

所有种类的蜘蛛都是捕食者，只有一种是例外。大部分蜘蛛以昆虫或者其他种类的蜘蛛为食。不过有少数蜘蛛体型巨大，它们能够捕食蜥蜴、啮齿动物以及小型鸟类。可是蜘蛛只能吃流食，它们又是如何吃下这些生物的呢？多数蜘蛛会将毒液注入猎物，或者将消化液呕吐在猎物身上，这两种方法都能把猎物分解至蜘蛛可以食用的形态。部分蜘蛛在注射毒液之前，会在猎物周围吐丝。这样一来，它们的食物就能在整洁的小容器中变成液体，方便食用，这就像是你从午餐盒中取食一样。蜘蛛没有牙齿，但是有些蜘蛛的嘴部附近长有锯齿状的螯肢，可以帮助它们将固体食物碾碎成泥。

那么唯一一种非捕食者的蜘蛛是谁呢？它们是来自中美洲的**吉卜林巴希拉蜘蛛**。这种蜘蛛生活在金合欢树上，主要食物就是金合欢树的树叶尖。有的时候，它们也会食用少量的花粉、花蜜或者蚂蚁幼虫。

133

在哪里可以见到蜘蛛呢？

蜘蛛生存在世界上的各个角落中，只有在南极洲见不到它们的身影。

舞王

部分雄性蜘蛛会用复杂的舞步吸引伴侣。其中最不可思议的舞者当属**孔雀蛛**，这是一种披着五彩外衣的迷你小蜘蛛。它们会左右疾走，伸展并抖腿，还经常会把两条腿举在空中，上下摇摆，就像在鼓掌一样。孔雀蛛的臀部有点儿像孔雀的尾巴，这是它们身上最五彩斑斓的部位，也是在舞蹈表演中最能呈现出精华的部分。在跳舞时，它们会将臀部翻至头顶，不停地扭动。

可爱！

捕食

▶ **鬼脸蛛** 又称撒网蜘蛛，它们不吐丝织网，而是撒网。它们会用腿部将网撒出，套住路过的、毫无戒备的猎物。

▶ **三角蛛** 显然会模拟雌性飞蛾的信息素以吸引雄性飞蛾，当雄蛾靠近时，它们便实施捕杀。

▶ 不要将**陷阱颚蛛**与**活板门蛛**弄混了[①]，陷阱颚蛛不挖隧道，也不织网，它们依靠行动极快的下颌捕捉猎物。这种超级猎手会从身后偷偷靠近猎物，然后张嘴迅速咬住，速度之快，与一根被松开的橡皮筋不相上下。

▶ **植狡蛛** 是生活在水域附近的大型蜘蛛。它们

部分蜘蛛不需要费心织网，因为它们想出了其他的捕猎方法。

的腿部长有细小毛发，这些毛发能够均匀地分散体重，这样它们就可以在水面上行走了。除了食用昆虫及其他蜘蛛外，它们也会捕食蝌蚪和鱼类。

▶ **六眼沙蛛** 是一种类似螃蟹的独居蜘蛛，它们将自己埋在沙子里，以伏击路过的猎物。覆盖在身上的沙子为它们提供了天然的伪装。

我和动物的小故事

我曾在位于悉尼的澳大利亚博物馆担任了15年哺乳动物馆的馆长。我的办公室在蛇类专家办公室与蜘蛛专家办公室之间。在博物馆里，意外时有发生，我已经不止一次地在档案柜中发现活生生的蛇了。蛇类的意外拜访已经令人足够郁闷了，不过蜘蛛专家的怪癖让我更加不安。我其实不太害怕蜘蛛，但是当我有急事冲出办公室的时候，撞上了满手都是致命的漏斗蛛的蜘蛛专家，我承认我还是会感到些许不适的。虽然这个蜘蛛专家是一个和善的人，我却不敢踏入他的办公室。他的办公室的每个角落都放满了生活着蜘蛛的玻璃缸，几乎没有下脚的地方，整个办公室就像是大型毛腿生物的巢穴。最糟糕的是，他是蜘蛛的忠实爱好者，只要我进入他的办公室，他就会把手伸进一个玻璃缸，然后在我眼前热情地挥舞着他最新发现的蜘蛛。

气候变化

气候变化对蜘蛛的影响各有不同。部分蜘蛛的栖息地会因此缩小，导致群体数量下降。而另外一些品种的栖息地则会因此扩张。

森林 ●

①陷阱颚蛛的英文为trap-jaw spider，活板门蛛的英文为trapdoor spider，较为相似，故作者提醒不要将两者混淆。——译者注

蜘蛛会飞吗?

蜘蛛不会飞，但是它们可以通过一种名为"乘热气球"的方式在空中移动极长的距离。

部分蜘蛛甚至可以横跨大洋。那么蜘蛛到底是怎么"飞行"的呢？首先，它们会爬到高处，比如树上或是灌木丛上，然后吐出几根长长的蛛丝。这些蛛丝能够像船帆一样，乘着微风，将蜘蛛提起，带着它们在空中移动。如果风力较小，蜘蛛便无法到达远处。如果搭乘上了一股强风，它们或许能在任何地方着陆。这不仅是爱冒险的蜘蛛的极限运动，而且当蜘蛛受到洪水或者其他威胁时，不夸张地说，这还是救命的技能。有的时候，大量的蜘蛛会同时"飞行"，这使得它们的着陆点覆满了缕缕蛛丝。

蜘蛛的进化

蜘蛛至少已在地球上存在3.8亿年的时间了，且它们的生命力依然顽强。目前，世界上有38000种蜘蛛，或许还有同样数量的蜘蛛种类等待我们的发现与命名。

136

奇妙的蛛网

每一种织网的蜘蛛都有着独特的织网方式，而每一张蛛网的作用都是让猎物难以逃脱。

▶ 东南亚和澳大利亚的巨型**活板门蛛**的蛛网看上去就像是一条丝质坑道。它们会将几根细微的蛛丝放在道口，以探测是否有昆虫路过。当昆虫触碰到"警戒线"时，蛛网会猛然一动。蜘蛛感知到动静后，便会爬出坑道，对猎物发起攻击。

▶ **圆蛛**的蛛网上带有明显的特殊丝质结构，这种结构能够反射紫外线，以吸引昆虫来到网上。

▶ 部分蜘蛛会织出超过1米高的梯子网，这对于抓捕飞蛾非常有效。飞蛾的身体上覆盖着松散的保护性鳞片，所以它们不会被普通的蛛网粘住。而当它们从梯网上踉跄而下时，会失去大多数鳞片，最终被蜘蛛捕获。

▶ 有些蛛网用极为纤细的蛛丝织造而成，它们没有黏性，而是通过绊住昆虫的腿脚来捕捉猎物。

▶ 蜘蛛网具有张力，在拉力的作用下不会破裂，这个特性与钢铁类似。

森林 ●

走近漏斗蛛

臭名昭著的漏斗蛛是世界上最危险的生物之一。它们生活在澳大利亚东部，人们在灌木丛和城市中都能见到它们的身影。

在繁殖季节，雄性漏斗蛛会离开巢穴，去寻找配偶。有的时候，它们甚至会进入人类的住房。它们喜欢躲藏在较为潮湿的地方，比如躲在人类无意间掉在洗手间地上的毛巾里。漏斗蛛的攻击性非常强，所以你最好不要惊吓到它们。当它们感到害怕时，很有可能会咬人。

漏斗蛛长着强有力的尖牙，能够刺穿人类的指甲，甚至还能穿透小型哺乳动物的头骨。它们会反复啃咬，逐渐把受伤者的伤口浸泡在毒液中。如果你被一只漏斗蛛咬伤了，你会感到剧烈的疼痛，还会出现抽搐、吐泡沫状唾液、恶心、失明甚至瘫痪等症状。如果没有得到及时治疗，成年人会在30小时后痛苦地死去，而婴儿只需1小时就会死亡。

与所有的蜘蛛一样，漏斗蛛并不希望把毒液浪费在人类身上。这是为什么呢？因为产生毒液也是需要时间的。如果蜘蛛将毒液用在了人类身上，那么余下的毒液可能就不足以捕杀真正能吃的食物了。

哎哟！

熊

棕熊的移动速度可达到每小时50公里，与一辆汽车的行驶速度相当，所以比你要快得多。

熊是毛茸茸的可爱朋友，还是长着尖牙利爪、会肢解猎物、令人胆寒的猎手？嗯，它们两者兼具。另外，它们还有许多其他身份，比如尽心尽力的父母、疯狂热爱摔跤的手足、行走的吸尘器、狂热爬树分子、长距离游泳选手等等。世界上现存8种熊，它们栖息在各式各样的地方，比如闷热的热带森林、冰雪覆盖的苔原、山区以及低地森林。

部分种类的熊是独居动物，不过在英语里，一群（熊）通常用a sloth表示。

???是鸟还是熊？

马来熊与**眼镜熊**在大部分时间里都待在树上，甚至在树梢上睡觉。因为它们的体型过大，无法坐在树枝上，所以它们会筑造"熊巢"——一个以树枝建造而成的平台，来供它们蜷缩休息。

可爱！

清新的山林空气

大熊猫生活在海拔较高的竹林中。为了寻找食物，它们能够在山中跋涉将近4000米的距离。**眼镜熊**一般生活在苍翠繁茂的密林中，高海拔的森林是它们绝佳的栖息地。为了进入云雾林[1]，它们会定期攀越4000米的山路。

① 云雾林是热带雨林的一种，指高海拔地区的山林。——编者注

熊比你大多少？

北极熊是最大的熊，而且它们还是最大的陆居肉食动物。虽然北极熊的幼崽仅重500克，但在完全成年后，它们的体重能够达到725千克。北极熊的身高接近2.5米，比成年人要高出不少。即便是非常高的人类，比如篮球运动员，也无法与北极熊相比。

森林·

舒适的大衣

北极熊有着熊类中最厚的皮毛，就连巨大的脚底也长着毛发，这些毛发让它们能够在冰面舒服地走动。它们的毛发看上去是白色的，但其实是透明的，而且每一根毛发都是空心的。这样的特征既能防止流失热量，也能让皮肤更容易晒到阳光，更好地吸收维生素D。在毛发之下，北极熊的皮肤是黑色的，而且它们的舌头也是黑色的。

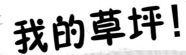

不要靠近 我的草坪！

▶ **棕熊**喜欢站立着在树上磨蹭，以留下它们的气味。这么做既能向其他熊类发出警告，也能吸引配偶。它们在磨蹭的时候，动作非常剧烈，看上去就像跳舞或挠痒痒。

▶ **北极熊**也会留下自己的气味，尽管它们的方式有点儿令人恶心。北极熊在冰上行走时，脚掌会渗出汗液，所到之处都会留下它们臭臭的脚印。

我和动物的小故事

我曾到访过罗马尼亚的一处熊类保护区。黄昏时分，我躲在隐蔽的小屋中观察十几只熊，它们正在食用投喂的死绵羊。夜幕降临后，我需要离开小屋，步行穿过漆黑的森林，回到我的车上。我的向导说，比起人类对熊的惧怕，其实熊更害怕人类。虽然我知道我们是安全的，但是在夜晚横穿熊的家园，依然是非常恐怖的！

破纪录的瞌睡

大多数熊喜欢在日间活动，但也有一些熊喜欢在夜间行动。

▶ **马来熊**又称太阳熊，虽然叫这个名字，但它们其实喜欢在白天睡觉，在月光下活动。

▶ 熊通常喜欢舒服地躺在洞穴中，它们的洞穴可以是地洞、山洞，或者树洞。**北极熊**会在雪中挖洞，虽然洞里依然寒冷，但起码它们不用忍受刺骨的寒风。

▶ 虽然不是所有的熊都冬眠，但包括**棕熊**在内的大部分熊都会这么做。它们在洞穴中睡上一整个冬天，不吃任何东西。所以在春天来临时，它们的体重会减轻一半。

在哪里可以看见熊？

世界各地都有熊的身影，你附近有熊的踪迹吗？

▶ **棕熊**的分布最为广泛，它们生活在亚洲、北美洲（那里的人们称它们为灰熊）和欧洲。

▶ **大熊猫**仅生活在中国。

▶ 你可以在东南亚看到**马来熊**。

▶ **懒熊**生活在南亚。

▶ **眼镜熊**是唯一生活在南美洲的熊。

▶ **美洲黑熊**只生活在北美洲。

▶ **亚洲黑熊**分布在亚洲。

▶ **北极熊**只生活在加拿大、美国、挪威和俄罗斯等国以及格陵兰岛在内的北极圈区域。

游泳冠军！

熊是非常厉害的游泳健将。有的时候，它们不仅到水里追捕猎物，还经常在水中玩耍，互相泼水嬉戏，让自己享受凉爽。**北极熊**的泳技尤其出色，因为它们的部分脚爪上有脚蹼，所以它们能够游很长一段距离。北极熊体内高比例的脂肪能让它们轻松浮于水面。有数据显示，它们曾在海洋中游出了数百公里的距离。如果距离实在太远，它们也会搭乘浮冰便车，穿梭在水域之中。

森林

比熊更可爱的是什么呢？是熊宝宝！它们小小的、毛茸茸的，让人不禁想抱入怀中，毕竟谁能抗拒它们呢？

真人版的泰迪熊

▶ 熊宝宝的体重和一罐焗豆的重量差不多，有时甚至更轻。

▶ 熊宝宝们喜欢一起玩耍，滚来滚去，扭打在一起，假装在打架。这些游戏不仅是为了玩闹，还能让它们意识到谁是更强壮、更占优势的熊类幼崽。

▶ **大熊猫**幼崽出生时全身都是白色的。

▶ 有的时候，**马来熊**会用后腿站立，用前肢抱着熊崽们，就和人类母亲一样。

▶ 在英语中，熊宝宝通常被称为cub，也被称为coy,意思是"当年生的熊宝宝"。当幼崽小于1岁时，它们被称为

cubs。当它们1岁后，则被称为yearlings。

▶ **懒熊**幼崽有时会趴在妈妈的背上，搭个便车。但不是所有的熊妈妈都能忍受自己被当成一种交通工具。

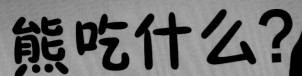

熊吃什么？

人们总认为熊是可怕的肉食动物，但并不是所有的熊都追捕猎物。有的熊更喜欢吃植物，也有很多肉食性的熊喜欢吃浆果和蜂蜜。

▶ **大熊猫**的主要食物是竹子，它们偶尔才会换口味，食用啮齿动物或者鸟类。熊猫的一节腕骨在进化过程中演变得与拇指更为类似，所以它们能够轻易地采摘竹子。熊猫的吃饭时间比你的睡觉时间还要长，它们每天用12小时进食，一天能够吃下10—20千克的食物，这是十分惊人的！

▶ **棕熊**喜欢吃飞蛾，有的时候，它们一天就可以吃掉40000只。鱼类也是它们喜爱的食物，尤其是鲑鱼。棕熊不会坐在岸上等待猎物送上门，而是直接从水里把鱼捞出来，或者潜入水中抓捕鱼类。

▶ **眼镜熊**主要以植物为食，比如仙人掌。

▶ **马来熊**会用长长的舌头将白蚁从巢穴中捞出来，也会将舌头伸进蜂巢中取食蜂蜜。它们非常喜欢吃蜂蜜，所以有的时候也被称为蜂蜜熊。

▶ **懒熊**喜欢吃蚂蚁和白蚁，它们的爪子足足有7厘米长，能够凿破蚁穴。懒熊首先会将多余的尘土吹开，以防把尘土吃进肚子里，然后把蚁类直接吸进口中。它们的门牙中间有着巨大的空隙，能让蚁类通过；它们可以随意控制鼻孔的闭合，让嘴部具有更强大的吸力。它们就像毛茸茸的吸尘器！

气候变化

现存的8种熊类中，有6种已经是易危或濒危物种，其中生存状况最不乐观的是大熊猫和北极熊。随着北极的冰块消融，北极熊在栖息地中的移动及觅食会变得越来越困难。

挠痒痒

这听起来有些不可思议——有的熊类会使用工具找乐子，比如用石头挠痒痒。它们甚至还会专门挑选长有藤壶①的石头，因为石头的表面越粗糙，它们挠着才越舒服。

①藤壶是一类附着于海边岩石上的、具有石灰质外壳的节肢动物。——编者注

尝试新食物

对熊类骨骼化石的研究表明，在冰河时期以前，欧洲的所有**棕熊**都是肉食性动物，它们是后来才改为吃素的。在那个时候，欧洲还生活着一种名为**洞熊**的生物，它们只吃植物。28000年前，洞熊灭绝，棕熊不再需要与洞熊争抢植物，所以它们开始频繁地食用植物。10000年前，欧洲的农民杀害了不少偷食农场动物的熊类，导致许多肉食性棕熊死亡。而植食性棕熊则存活了下来，并且繁衍壮大。所以，今天欧洲的大部分棕熊主要以植物为食。

大胃王

冬眠的熊类，比如**棕熊**，在冬天来临前会摄入大量食物。这时，它们的身体进入了一种被称为"食欲极旺"的特殊状态，这会导致它们的饮食习惯发生巨大的改变，它们每次能够连续进食20小时。也就是说，它们每天只剩下4小时的睡眠时间。棕熊在这段时间里，每天能够摄入40千克的食物，这就像我们人类吃掉40份大号比萨一样。

北极熊虽然不冬眠，但食量依然大得惊人。为了在食物稀少时体内依然有足够的脂肪支撑身体的运转，它们会大量地摄取食物。也正因为如此，它们有时能够连续几个月不吃饭，时长可达8个月之久。

是狗还是熊？

狗和熊有着亲缘关系，大约在3000万年前，它们的外形比现在要相像得多。实际上，部分熊类的祖先看上去更像狗，而有些狗的祖先看上去更像熊！经过了百万年的演化，熊才开始有了今天的"熊样"，狗也演变成与狼更为相似的样子。

森林·

熊的后院有多大？

雄性**北极熊**的领地是所有熊类中最大的，约为30万—35万平方公里。而雌性北极熊的领地则要小得多，约为12.5万平方公里。

双嵴冠蜥

当你听到"basilisk"①这个词时，或许会想到拥有神奇力量的巨大蛇怪，那么这些神话中的妖怪与居住在森林中的酷炫蜥蜴有什么相同之处呢？好吧，它们都是爬行类动物。

古希腊人相信，蛇怪是由公鸡、蛇和狮子的身体部位组成的。当蛇怪的目光落在人类身上时，人就能石化。双嵴冠蜥身上的鳞冠确实有点儿像公鸡的鸡冠。虽然这些蜥蜴不会让你石化，但当你亲眼看见它们在水上行走时，肯定也会惊讶得说不出话来。

在哪里可以看见双嵴冠蜥？

双嵴冠蜥生活在中美以及南美洲的北部。

在英语中，一群（蜥蜴）通常使用a lounge表示，双嵴冠蜥并没有自己专有的群组用词。

和狗一样大

双嵴冠蜥的平均身长在70—75厘米之间，比普通的金毛寻回犬还要长。**绿双嵴冠蜥**还能长得更大，可以超过90厘米，它们的尾巴就占据了身长的2/3。

①在英文中，basilisk既有蛇怪，也有双嵴冠蜥的意思。 —

树木的变化

一些种类的双嵴冠蜥在大部分时间都待在地面上，而另一些则喜欢隐匿在树梢。它们长有尖锐的爪子，可以牢牢地抓住树干，通常会爬到6米以上的地方。

所有种类的双嵴冠蜥都有一个相同之处——喜欢住在水域附近，通常是在河岸上。如果陆地上发生了危险的状况，它们便会逃到水里，河水对于它们来说，就像是一扇逃生的后门。

 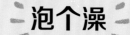
虽然双嵴冠蜥在水面上行走时可以保持身体干燥，但是它们也很擅长游泳。游泳不仅仅是它们的乐趣，也是一种逃避陆地捕食者的有效方法。双嵴冠蜥可以在水下屏住呼吸长达半小时。

森林•

奇迹创造者

双嵴冠蜥可以在水面上行走，因此获得了"耶稣蜥蜴"的称号。它们这么做通常是为了逃避陆地上的捕食者。双嵴冠蜥的行走姿势并不优雅——身体站得笔直，后腿快速地旋转，就像是在骑着一辆隐形的自行车。它们在飞奔时，前肢僵硬地伸在身体两侧，全身摇摇晃晃，脑袋左右振动。下面我们一起来看看，为什么双嵴冠蜥能够在水面上行走呢？

▶ 双嵴冠蜥的后脚特别巨大，所以它们能够将身体重量分摊在更大的平面上（这有点儿类似雪鞋）。而且它们的足部长有额外的脚蹼，脚掌在踩水时，脚蹼能封存气泡，使双嵴冠蜥浮于水上。

▶ 双嵴冠蜥必须快速移动，才能把身体维持在水面上。如果速度慢了下来，无法形成气泡，双脚便会下沉。

▶ 尾巴也是至关重要的，可以保持平衡及转换方向。

▶ 双嵴冠蜥通常会在陆地上助跑，有时也会直接从树上跳进水中。

▶ 双嵴冠蜥能够在水上奔跑10—20米，年龄越小，身体越轻，速度也越快。

变色龙

如果有人说你是变色龙，他们的意思是你擅长在特殊的环境下改变自己。但是无论人类如何善于适应环境，我们都无法与真正的变色龙相媲美。这种蜥蜴特别懂得与环境融为一体，但它们也可能是鲜艳而夺目的。如果你认为它们的皮肤很酷炫，看看它们的皮肤下都藏着什么，再下结论吧！

是大猫还是蜥蜴？

变色龙的英文是chameleon，在希腊语中是"地面上的狮子"的意思。

无用的毒素

部分变色龙长有毒腺，不过这个部位已经萎缩了，法产出足够的毒液，那么自也就无法对其他生物造成任伤害。

在哪里可以看见变色龙？

约半数种类的变色龙生活在马达加斯加，其他种类零散地分布在马达加斯加周围的小型岛屿，或者肯尼亚、坦桑尼亚以及其他非洲国家。它们也生活在印度、斯里兰卡、西班牙、葡萄牙和中东的部分地区。

移居海外

最古老的变色龙化石发现于中国，有着6000万年的历史。然而，变色龙如今已经不再生活在中国了。

可选择的蛋壳

▶ 在组建家庭方面，皮肤颜色鲜艳的雄性变色龙有着巨大的优势，它们更有可能获得与雌性交配的机会。

▶ **拉氏变色龙**在生孩子这件事上没有时间可以浪费，因为这种变色龙的生命只有短短的3个月。

▶ 部分变色龙是胎生动物，比如**杰氏变色龙**，就像人类一样。其余种类的变色龙则是卵生动物，想象一下你的亲戚从蛋里孵出来的画面吧！

▶ 卵生变色龙每次可以产下100颗卵，胎生变色龙每次最多产下30个幼体，不过实际数量通常都要更少一些。

▶ 变色龙的卵一般被埋在变色龙妈妈挖掘的土洞或者腐烂的树洞中。

▶ 变色龙父母不会照顾孩子，甚至不会在一旁等待它们孵化。不过这也情有可原，因为变色龙卵的孵化时间通常为1年，部分种类的孵化时间甚至长达2年。

森林 ●

变色龙有魔法吗？

变色龙的变色既可以逐渐发生，也可能快速地进行，在几分钟甚至几秒内完成。变色龙变色靠的不是魔法，而是晶体。它们长有数层皮肤，每一层都有着特殊之处。

▶ 变色龙的顶层皮肤细胞中充满了色素，当这些细胞扩张或者收缩时，变色龙的颜色就会变深或者变浅。但这种细胞只能控制颜色的深浅，并不会改变颜色。

▶ 中层皮肤中的细胞被称为彩虹色素细胞，里面充满了晶体，会随着变色龙的心情改变形状。这种晶体通过不同程度的收缩或扩张，能够以不同的角度反射光线，从而改变变色龙的颜色。细胞的形状及细胞之间的距离都会影响皮肤的颜色。当变色龙兴奋时，充满了晶体的细胞会拉开距离；当变色龙放松时，细胞则会缩短距离。

变色龙的下层皮肤只反射一种特定的光线——红外线。科学家认为，变色龙能够借此调节体温。

火眼金睛

变色龙的眼睛非常强大，它们拥有360度的视野，双眼能同时看向不同的方向。它们的眼睛还有着类似相机镜头的放大功能，以便观察远处物体。

变色龙有多大？

迷你变色龙是世界上最小的变色龙，成年后还不到3厘米长，甚至能够坐在你的小拇指上。最大的变色龙是**国王变色龙**，能长至69.5厘米，比你的胳膊长。

是蜥蜴还是树叶？

部分变色龙不需要改变颜色，就能隐藏自己。它们天生的体型、大小和颜色已经让它们近乎隐形。**卷曲枯叶变色龙**看上去就像是褐色的树叶。

● 我和动物的小故事 ●

我喜欢变色龙，在非洲旅行时经常能看见它们。有一次，我在博茨瓦纳骑马时，看到了一只灰色的**巨型变色龙**。它站在一座山丘上，假装是一根树枝，一动也不动，尾巴高高地翘在空中。我差一点儿就要跳下马，走过去观察它了。我很庆幸没有这么做，因为我在变色龙的旁边看到了狮子的大脚印。那些脚印留下的时间并不长，沙面还在流动。因此，我立刻转身，快速地骑马离开了。

彩虹的七色，变色龙都能变吗？

变色龙无法选择变换的颜色。在200余种变色龙中，每一种都有着自己的颜色范围。有人说它们可以融入任何一种环境，但这并不是真的。

▶ 在放松时，大部分变色龙的颜色都是棕色和绿色的，这些颜色也更容易与森林环境融为一体。

▶ 变色龙不仅能改变颜色，也可以在皮肤上生出新的图案、斑点和条纹。

▶ 通常来说，雄性变色龙更有可能改变颜色，颜色的选择范围也更广。有的时候，同一种类的雌性和雄性有着完全不同的颜色。

闪亮而凶猛

通过变色，变色龙可以更好地融入环境，但这不是它们变色的主要原因。变色龙也会通过变色来与同类进行沟通，表达感受，比如生气了、想要交配了或者发出警告。

▶ 雄性变色龙有着很强的领地意识，它们使用鲜艳的颜色突出自己，以恐吓其他雄性。有的时候，它们会变得全身通红——这在大多数情况下都是一种警告。在变色龙的对峙中，一方常常会通过变成更暗淡的颜色来承认落败。如果变色无法吓跑对方，雄性变色龙之间通常就会发生肢体冲突。它

们会膨胀躯体，发出嘶嘶的声音，向对方猛冲过去并用头部撞击，互相扭打在一起，直到一方认输。

▶ 当雄性变色龙希望吸引配偶时，它们可以变成更为闪亮的颜色，包括松石绿、蓝色、绿色、橙色、黄色和红色。而雌性变色龙也能通过变换颜色，以拒绝雄性的求偶。

它们的皮肤通常会变成更暗淡的颜色，其中掺杂着一些明亮的色块。当雌性怀孕的时候，这个技能会非常实用。

▶ 有的时候，雄性变色龙（尤其是年轻且体型小的变色龙）会改变颜色，让自己看上去像雌性一样。这样就不会冒犯其他雄性，避免引发冲突。

森林

在树上 VS 在土里

▶ 在大部分时间里，许多种类的变色龙都待在树上。变色龙的尾巴就像是一条更长、更灵活的肢部。在树上爬行时，它们会利用可以弯曲的尾巴缠着树枝。在用不到尾巴的时候，它们会把尾巴紧紧地卷起来。

▶ 只有少数种类的变色龙会长时间地生活在陆地上，比如**角枯叶变色龙**与**戈龙戈萨枯叶侏儒变色龙**。为了安全，部分陆居变色龙会爬到树上睡觉，或者在林地上伪装成落叶的样子。部分陆居种类的尾巴又短又粗，无法卷曲。

▶ 变色龙的手腕与脚踝都非常灵活，而且脚掌形状特殊，可以轻松地抓握树枝及树干。变色龙的每只脚掌看上去只有两个粗短的脚趾，但其实每个脚趾都是由数个更小的脚趾结合而成的。这就是为什么在看上去只有一个脚趾的地方，却长有好多个爪子。

臭鼬

臭鼬放出的味道被称为麝香，虽然叫麝香，但是一点儿也不香。臭鼬科的学名 *Mephitidae*，这原是一位古代毒气女神的拉丁名字。这种味道就像是那种飘荡在沼泽和火山上方的毒气，这样你大概就能知道臭鼬有多臭了吧！不过除了臭味，臭鼬还有许多特征，包括惊人的美貌和健壮的身躯。

一群臭鼬叫什么？

在英语中，一群（臭鼬）被称为 a surfeit，这个词有过量的意思。对于有些人来说，尤其是嗅觉敏感的人，他们连一只臭鼬也受不了，那么一群臭鼬肯定就是过量了！

当你想到臭鼬的时候，你肯定会想到臭味。

在哪里可以看见臭鼬？

臭鼬生活在南美洲和北美洲。虽然**臭獾**（huān）叫獾，但其实它们是一种生活在菲律宾和印度尼西亚的臭鼬。

臭鼬的菜单上有什么？

臭鼬通常以昆虫为食。为了觅食，它们会用爪子快速地在落叶中翻找挖掘。臭鼬并不挑剔，也会食用水果、鸡蛋、鱼类、爬行类动物、幼虫以及小型哺乳动物，比如老鼠或者鼹鼠。有时它们甚至连蛇也不放过。

臭鼬对部分蛇类的毒液具有抵抗力，所以它们不惧怕这种滑溜溜的捕食者，比许多小型的多毛动物更勇敢。

超级妈妈

雌性臭鼬非常独立，更喜欢独自抚育宝宝。在交配之后，它们便会对伴侣表明立场，有的时候，甚至还会把雄性赶跑。不过，雌性臭鼬在交配后并不会马上怀孕。**西部斑臭鼬**通常在交配后150天才会怀上宝宝。那个时候，爸爸早就不见踪影了。

在英语中，臭鼬宝宝被称为kit。它们出生时是完全没有视力的。在生命的前3个星期里，它们的眼睛无法睁开，所以只能依赖于妈妈的喂养和照料。

为什么有条纹？

有人认为，许多臭鼬身上的条纹图案与它们的防御机制有关。皮毛上的白线能够引导捕食者把目光投向臭味的来源——它们的屁股！

看！

呃！

臭鼬有多大？

獾臭鼬是体型最大的臭鼬种类之一，身长可达80厘米，和一条拉布拉多犬的长度相当。然而，尾巴就占据了它们大半的身长，即便看起来体型不小，体重通常也仅有4.5千克，还没有腊肠犬的一半重。

侏斑臭鼬则是另一个极端，身长通常不到20厘米。它们的尾巴蜷缩在体侧，你用一只手就能捧起这种小巧的生物。

我和动物的小故事

在澳大利亚北部及新几内亚，有一种与臭鼬极其类似的生物，它们就是**纹袋貂**（有时亦被称为臭鼬袋貂）。这是一种身形小巧的有袋类动物，身上长有明显的黑白条纹图案。其中一种纹袋貂的尾巴毛发茂密，与部分臭鼬一样。有的新几内亚人会将这种银黑色的尾巴毛发用作假胡子。4种已知的纹袋貂均生活在雨林中。当我在新几内亚研究纹袋貂时，发现它们身上散发着类似臭鼬的强烈气味，不过没有臭鼬的那么难闻。你可以通过味道得知纹袋貂曾在哪个树洞中吃饭或睡觉，幸好它们无法喷射臭液。如果你触碰了一只纹袋貂，手上的臭液好几天都无法消散。

谁是谁？

世界上主要有5种臭鼬，不是所有的臭鼬身上都有条纹。它们毛发上的白色部分可以以任何图案呈现，也可以完全不呈现，有些臭鼬全身都是黑色的。

▶ **纹臭鼬**的背部有两条长长的白色条纹，而**斑臭鼬**的背部则覆满了旋涡状的白色斑点。

▶ 有些**獾臭鼬**的背部长有条纹，有些则长着一大片白色毛发。它们的鼻子也令人惊奇，无毛且巨大，有点儿像猪或狗的鼻子。

▶ **臭獾**有多种多样的白色印记，不过大多数臭獾是没有任何印记的。它们的尾巴也比其他种类的臭鼬短得多。

▶ **冠臭鼬**的尾巴格外长。它们有着超级柔软的毛发，头后部及颈部的毛发尤为丰盈。一些冠臭鼬的黑色皮毛上长有少量的白色毛发，另一些冠臭鼬从头顶到尾巴尖都是白色的。

如何去除臭鼬的气味？

臭鼬的臭味无法被轻易洗净，就算洗澡也去除不了这股臭味。人们为了摆脱臭鼬的气味，尝试了各种奇怪的东西，包括香草精、番茄汁和苹果醋，却没有一样能够除净臭鼬的臭味。最受欢迎的一个方法是使用小苏打、洗洁精和过氧化氢，不过希望你永远都不会用到！

被称为家的洞穴

臭鼬在大多数时间都在陆地上度过，而**斑臭鼬**是个例外。它们有着高超的爬树技巧，有时甚至被称为树臭鼬。臭鼬通常生活在地洞、树洞或者岩石的裂缝中。

好臭

森林 ●

▶ 臭鼬的肛门处长有两个类似乳头的器官，当它们受到威胁时，便会从这里喷射出一种油性物质。

▶ 虽然臭鼬的臭味要花上好几天才会消散，但是这种物质不是致命的。臭鼬喷射臭液的目的是吓走捕食者，而不是杀死它们。

▶ 如果你被臭液喷到了，身上或许会产生灼烧感，或者出现暂时失明、呼吸困难和呕吐等症状。

▶ 臭鼬的臭液可以喷射10米远，目标越近，喷得越准。

▶ 臭鼬可以进行雾状喷射，也可以集中喷射，就像喷壶上的喷嘴一样可作调节。当臭鼬与目标距离较近，能够准确地瞄准对方的脸部时，就会使用集中喷射。雾状喷射虽然效果稍弱，但可以覆盖大面积的区域。当臭鼬由于逃跑而无法瞄准时，便会使用雾状喷射。

▶ 臭鼬的喷射物与洋葱含有部分相同的化学物质，

很多人知道臭鼬的味道很难闻。但是为什么它们会有这种奇怪的气味，这种气味从何而来？

这或许解释了为什么两者都能让你泪眼汪汪。

▶ 臭鼬在使用臭液攻击前，通常会先使用其他方法来吓退进攻者。它们会弓背举尾，前脚跺地，发出低声怒吼和嘶嘶声。有的臭鼬甚至还会向敌人发起攻击。**獾臭鼬**有的时候会直立站起，发出警告。

▶ 部分**斑臭鼬**，比如**东部斑臭鼬**，在喷射臭液之前会先倒立。它们会将尾巴呈扇形散开，让体型看上去更庞大，同时密切留意着进攻者，看看恐吓之术是否奏效。有的时候，

它们还会倒立着向对方发起冲锋，双手倒腾得飞快，就像是散发着恶臭的杂技演员。

▶ 少数人是闻不到臭鼬臭味的，他们是罕见的，也是幸运的。

树懒

世界上主要有两类树懒：**二趾树懒**和**三趾树懒**。两类树懒之间的区别听上去非常明显——它们的脚趾数量不同，对吗？这是对的！不过，这不是它们之间的唯一区别。二趾树懒和三趾树懒的亲缘关系其实非常疏远，并不是同属下的两个成员，但这也不妨碍它们有许多相同之处——行动缓慢、喜欢吃树叶、喜欢打瞌睡等等。许多人已经知道树懒的这些特征了，但是你知道，把树懒放进水里时，会发生什么吗？你知道它们的指骨和粪便有哪些特别之处吗？

慢动作

树懒是世界上动作最慢的哺乳动物，没有其他物种可与之相比。它们的攀爬速度通常为每分钟1.8—2.4米，这已经是最快的速度了，有的时候还会更慢。

在英语中，一群（树懒）有时会被称为a bed。

在哪里可以看见树懒？

树懒生活在南美洲和中美洲。

树上的生活

树懒才懒得下树交配呢，它们所做的事情都在树梢上完成，这包括寻找合适的配偶和分娩。当树懒准备好组建家庭后，雌性树懒会用一种特别的方式宣告天下——大声喊出来！它们的声音听上去像是哨声或是尖叫声。树懒一次只生一个宝宝，并在高高的树上抚养它。树懒没有育儿袋，所以树懒宝宝只能牢牢地抓住妈妈毛茸茸的肚皮，以防掉落。

死亡之握

树懒的懒惰是出了名的，它们每天睡9小时，在剩下的时间里就算在活动，也是非常缓慢的。那么它们如何在高高的雨林树冠层中无忧无虑地生活呢？有的时候，树懒会蜷缩在舒适的树杈里，不过大多数时候，它们会选择吊在树枝上睡觉。树懒必须使用胳膊和爪子抓住树枝，才能不从树上掉下去。幸运的是，它们的这两个部位都非常强壮。实际上，即使树懒死去，它们也几乎不会从树上掉落，依旧能够牢牢地握着生前紧抓着的树枝。

树懒有多大？

部分**二趾树懒**比**三趾树懒**大一些，两类树懒的体重通常在4—8千克，和一只小型哈巴狗的重量差不多。它们最高可以长到68厘米，因为四肢非常长，所以它们显得体型很大。**侏三趾树懒**是最小的树懒，仅有48厘米高，这种树懒只生活在巴拿马的埃斯库多德贝拉瓜斯岛上。它们的体重为2.5千克，和一只吉娃娃的重量相当。

是爪子还是利剑？

为什么树懒动作这么缓慢？因为这能让它们躲避捕食者。树懒保护自己的方法并不多，如果一开始就不引起捕食者的注意，那么树懒就不用担心如何逃跑或者打败敌人了。树懒唯一的防御武器就是它们长达10厘米的爪子。树懒的爪子和人类的指甲并不一样，它们的爪子其实是指骨的一部分，只不过上面覆盖了一层类似指甲的薄片。

血泪

有的时候，人们会看到一些**三趾树懒**在舔舐眼中的红色液体，这听起来有点儿可怜，对吗？实际上，这是它们眼睛的正常分泌物，就像是你早上起床时眼角出现的眼屎。这些分泌物之所以是红色的，是因为树懒会食用一种红色的树叶，这种树叶把它们的眼屎也染红了。

松了口气！

越变越小

古时候的树懒和现在你所见到的树懒有着巨大的差别。以前的树懒体重可达7000千克，比部分种类的大象还要重。

悠闲地游泳

你大概不会想到树懒非常擅长游泳吧！已经灭绝的**巨型树懒**曾经畅游在南美洲附近的太平洋中，它们甚至还会食用海藻。

现代的树懒通常会从树上直接跳进水中，用长长的手臂在水里划来划去。它们游泳的速度是爬行速度的3倍。不过，按照树懒的一贯作风，它们一般不会游得很快。树懒喜欢仰躺着漂在水里，因为它们的体重较轻，所以可以轻易地浮于水面。树懒的腹中带有在消化过程中产生的气体，这对它们的漂浮也有所帮助。

懒洋洋

三趾树懒喜欢晒太阳，它们通常会爬到树梢的高处享受阳光。因为树懒无法通过打哆嗦让自己的身体暖和起来——这个动作会消耗过多的能量，所以保持温暖对于它们来说是十分重要的。

超级胃

树懒是树叶专家，它们会食用大量的树叶。除了树叶，**二趾树懒**还会吃昆虫、水果，甚至蜥蜴。相比起来，**三趾树懒**更为挑食，它们只吃少数几种树的叶子。消化树叶是个大工程，还好树懒拥有为此特制的胃部。它们的胃由4部分组成，胃里面充满了强力细菌，能够分解树叶和汲取营养。树懒胃部的重量可占据全身体重的1/3。

终极伪装

除了一动不动，树懒还有一个聪明的技巧能够帮助它们隐蔽在树丛中。因为树懒的移动速度实在是太缓慢了，所以它们的毛皮上会生长出藻类。这些斑驳的绿色色块让它们看起来就像是一棵植物。

好酷的名字，谁给你取的？

三趾树懒科的学名是 *Bradypodidae*，在古希腊语中的意思是"缓慢的脚"。**二趾树懒科**的学名是 *Megalonychidae*，也是古希腊语，意思是"大爪子"。

强壮的手臂，弱小的后腿

树懒在大部分时间里都待在树上，因为那里有着充足的食物，而且它们不用担心会遭到不会爬树的捕食者的攻击。然而，另一个让树懒不喜欢在地面生活的原因是，它们不是为地面而生的。树懒的身体没有那么强壮，与同体型的动物相比，它们的肌肉数量要少得多。树懒的肌肉都巧妙地生长在了可以用于爬树的部位——身体的前部，尤其是胳膊。相较之下，它们的后腿要瘦弱不少。所以当树懒罕见地出现在地面上时，它们通常需要依赖前肢发力，拖着身体向前爬行。树懒长有巨大的爪子，可以轻松地抓着树枝。可不幸的是，当它们在陆地上走动时，爪子便成了碍事的东西，这就像是一个指甲非常长的人尝试使用触屏设备一样。

诡异！

树懒的头虱

你不是唯一一个觉得树懒很酷的人。有一种特殊的飞蛾是树懒的头号粉丝，它们甚至住进了树懒的毛发中，食用长在它们身上的藻类，饮用它们的汗液。如果你觉得这很恶心，那是因为你还不知道这种飞蛾产卵的地方。这种奇怪的飞蛾认为树懒的粪便是最佳的孵化地，真是为它们的宝宝打开了"新世界"的大门！

沟齿鼩

沟齿鼩的长相十分怪异：尾巴无毛且带有鳞片，像是一只超大号老鼠的尾巴；脚掌硕大无比，还会像猪一样哼哼。沟齿鼩是非常古老的生物（和恐龙一样古老），现已极度濒危，是多米尼加共和国仅剩的两种本土陆地哺乳动物之一。沟齿鼩能够存活这么长时间的部分原因在于它们大部分时间都过着隐居生活，也因为它们有一种巧妙而出人意料的自保方式。

你确定这是乳汁吗？

沟齿鼩妈妈用乳汁喂养宝宝，但和大多数的产奶动物不一样，它们的乳汁并不分泌于腹部或胸部附近。沟齿鼩的乳头长在靠近肛门的地方，在后腿与身躯连接处的皱褶中。

闻你的味道

沟齿鼩身上有股强烈的霉味，由皮肤中的特殊腺体散发而出。有人描述沟齿鼩的味道就像是山羊或者落水狗的味道。

在哪里可以看见沟齿鼩？

一种沟齿鼩生活在海地和多米尼加共和国，另外一种则生活在古巴。

是逃跑还是躲起来？

虽然沟齿鼩会爬树，但是它们在大部分时间里都待在陆地上，有的时候还会生活在地底。白天，它们会躲在地洞中，偶尔也会藏在山洞或者树洞里。沟齿鼩是很奇怪的动物，平时步伐蹒跚而缓慢。在受到威胁时，它们却能提速奔跑。在飞奔时，它们的姿势也不优雅。沟齿鼩是踮脚跑步的，它们喜欢迂回前进，不走直线。如果感到害怕，它们有时干脆就停下步伐，把头埋起来，可能觉得自己看不见捕食者，捕食者也就看不见它们了吧。

极为可怕的唾液

沟齿鼩的英文是solenodon，在古希腊语中有"沟槽牙"或者"管道牙"的意思，沟齿鼩的特殊功能与这个名字极为相称。它们是世界上少数几种有毒的、唯一一类使用牙齿注射毒液的哺乳动物。沟齿鼩长着两颗锋利的门牙，这与蛇有点儿类似。它们的毒液是一种毒性很强的唾液，从门牙的特殊沟槽中流出。对于体型较小的动物来说，中毒的后果会非常严重，它们会出现麻痹、抽搐、呼吸困难等症状。沟齿鼩的毒液对于人类来说虽不致死，但伤口也会肿胀疼痛一个星期左右。所以，如果你发现附近有一只沟齿鼩，请避开它的牙齿。

森 林 ●

寻找食物的鼻子

▶ 沟齿鼩是食虫动物，以昆虫为食，偶尔也会吃其他动物，比如蛙类和蜥蜴。它们还会吃树根、水果等植物。

▶ 沟齿鼩在夜间捕猎的时候会使用超大号脚掌上的爪子去挖土觅食，也会用爪子撕破腐烂的树木，吃掉住在里面的昆虫。

▶ 沟齿鼩的眼睛小如圆珠，就像鸡的眼睛。它们的视力不太好，无法轻易地注意到潜在的食物。

▶ 幸运的是，沟齿鼩的听力非常出色，与蝙蝠一样，可以使用回声定位。沟齿鼩会发出咔嗒咔嗒的声音，当声音触碰到附近的物体后，比如树木、岩石或者其他动物，便会弹回，沟齿鼩以此来定位附近的猎物。

▶ 沟齿鼩的嗅觉极为灵敏。向上翘的鼻子可以在土里翻找食物，长而敏锐的胡须能够感知猎物。沟齿鼩的鼻子上长有一个特殊关节，这与我们的膝关节及肘关节有点儿类似，所以它们的鼻子异常灵活，非常适合在其他动物难以触碰到的角落及缝隙中寻找食物。

虎

不是所有人都曾亲眼见过虎，但是大多数人都看过许多虎的图片：它们体型庞大，生有条纹图案。除此之外，还有什么呢？包括这些急待回答的问题：它们如何处理剩饭？它们的尿液是什么味道的？最重要的是，它们摇尾巴是什么意思？

在哪里可以看见虎？

虎生活在中国、俄罗斯、印度、孟加拉国、柬埔寨、泰国、越南、尼泊尔、马来西亚、不丹、缅甸、老挝、印度尼西亚与俄罗斯。

就像电影一样

许多人认为，虎的尿液闻上去就像是一大桶黄油爆米花的味道。

好香！

在英语中，一群（虎）可以用 an ambush 或者 a streak 表示。

你能跑得比虎快吗？

虎跑得比你快多了，当它们快速奔跑时，速度可以达到每小时65公里，轻轻松松就能赶上一辆车的速度。

虎有多大？

    虎是世界上最大的猫科动物。**东北虎**是最大的虎，体重可达363千克，与5个成年人的体重相当。它们的体长可达3.3米，这还没有算上长度接近1米的尾巴。

    苏门答腊虎是最小的虎，部分苏门答腊虎的身长还不及它们的亲戚东北虎的一半。苏门答腊虎的体重也轻了不少，仅有136千克（不过别忘了，这依然比你重多了）。

    每一只虎的条纹都有些许不同，没有两只虎是一模一样的，即便它们是兄弟姐妹。不是所有的虎都长着橙黄色皮毛与黑色条纹。有的虎是金色的，带有淡橙色条纹；有的虎是白色的，带有淡褐色条纹。不仅虎的毛发上长有条纹，而且它们的皮肤也带有条纹图案。

带篱笆的院子

    虎用气味和树上的抓痕来标记领地，通过排泄物来传播气味。虎的尿液臭味能够持续40天之久。

虎与宠物猫有什么相同之处？

    当虎不使用爪子时，会将爪子收入爪鞘，这和家猫有些类似。这让它们的爪子在需要使用的时候——比如抓捕逃脱的猎物，保持极为锋利的状态。

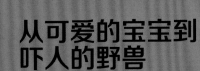

从可爱的宝宝到吓人的野兽

虎的幼崽出生时的体重还不到1千克。起初，它们是一群毛茸茸的小可爱，完全依赖母亲的喂食及照顾，但它们的成长速度非常快。在1岁半时，它们就可以外出捕猎了。

摇摆的尾巴

虎的吼叫声令人震惊，传播距离可以超过3公里。长长的尾巴极具表现力，它们会用尾巴进行沟通。然而，和宠物狗不同，当虎摇摆尾巴时，它们不是在表达开心的情绪，而是准备发起进攻。虎在摇尾巴的时候不是一个好的预兆，因为虎在放松的时候，尾巴通常也是放松的。

家庭纽带

虽然虎与雪豹有着不同的外表和习性，但雪豹是现存的与老虎亲缘关系最近的动物。人们通常将虎与狮子相提并论，其实它们的关系并没有那么近。除了虎有条纹而狮子没有之外，它们还有一个不同之处：平均来说，虎的大脑体积比狮子的大16%。虎非常聪明，学习速度很快，有着杰出的记忆力。

广阔的地盘

多数虎类生活在森林地带，那里有众多的藏身之处及丰富的食物。虽然虎会爬树，但它们还是更喜欢脚踏实地。

虎是独居动物，不喜欢社交，它们的邻居最好也住得远远的！**东北虎**的领地非常广阔，一只虎可以掌控超过4000平方公里的地盘。在土地较为稀少的地方，虎不得不与同类住得更近。有的时候，18只**孟加拉虎**生活在100平方公里的范围内。

捕猎

光看虎的外表，你就能知道它们是绝佳捕手，它们的巨齿和利爪都暴露了这一点。

水花四溅

虎常常会在河里和湖中游泳，除了可以抓捕水中的动物，也能在炎热的天气中让自己凉快下来，当然还可能只是单纯地玩耍嬉戏。虎在巡逻领地时，每天能游上30公里，可以轻松地横跨7公里宽的河流。

▶ 虽然虎的体型并不小，但它们却难以被察觉。它们是潜伏大师，借助身上的条纹，隐没于森林的光影之中。在移动时，它们通常会将身体放低，由于它们巨大的脚掌下长着厚厚的肉垫，所以行走起来悄无声息。

▶ 虎通常在夜间捕猎。它们的夜间视力极为出色，约为人类视力的6倍，即使猎物做出最细微的动作，也无法逃过它们的法眼。

▶ 在对猎物进行跟踪后，虎会发起突袭，通常会用力地咬住猎物的脖子，给予它们致命一击。虎的牙齿长达7厘米，颌部力量强劲，能够折断猎物的脊椎。

▶ 虎经常会抓捕体型大的动物，比如鹿、野猪、麋鹿、羚羊和水牛。它们的狩猎对象还包括了本身便是捕食者的危险动物，比如豹子、鳄鱼和蟒蛇。虎很少吃人，也很少靠近人类。

▶ 虎的每顿饭的重量约为5千克，一只虎在一个晚上最多能吃下27千克的食物。但猎物的体重往往不止这个数字，那么虎如何处理剩下的食物呢？它们虽然没有冰箱，但是有一个巧妙的办法：用树叶将吃了一半的动物尸体盖起来，留到之后再吃。

▶ 有的时候，虎也会共享食物。有一次，一只印度的**孟加拉虎**杀死了一只巨大的羚羊。在接下来的几天里，有8位亲戚前来享用了这场盛宴。

狼

一头独狼仰头对月长啸，这或许是人们最熟悉的关于狼的画面了。除此之外，狼还有许多迷人之处：它们非常吃苦耐劳，有着极为奇怪的习惯，比如跑马拉松或者在海洋中进行长距离游泳。

灰度

灰狼不全是灰色的，它们也可以是黑色的、白色的，或者是黑白之间的各种灰色。

在英语里，一群（狼）可以用a pack表示。即使是两头（狼），也可以用a pack称呼，只要它们拥有自己的领地。

狼是世界上分布最广泛的动物之一。**灰狼**遍布西半球，包括生活在格陵兰岛和北美部分地区的**北极狼**，以及生活在加拿大沿岸的**不列颠哥伦比亚狼**。**红狼**现仅存于一个地方——美国北卡罗来纳州阿尔伯马尔半岛上的一处保护区中。

动物有意思：给孩子的野生动物大书

领头狼父母

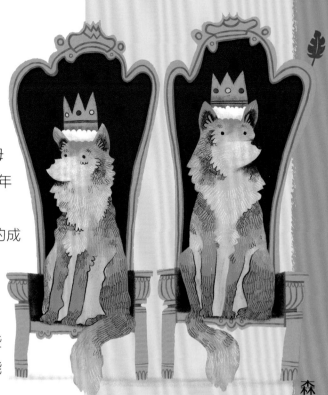

　　绝大部分狼过着群居生活，狼群中通常有一对领头狼，它们分别被称为阿尔法公狼和阿尔法母狼。一个狼群大约有6—10头，多为阿尔法狼的成年后代。

▶ 阿尔法狼往往是狼群中唯一能够生育孩子的成员，但其他成员会共同抚育幼崽。在狼宝宝出生后的几个星期里，它们是看不见也听不见的。在群狼的帮助下，爸爸妈妈省去了不少麻烦。

▶ 狼崽在出生后，首先会吸吮乳汁。长大一些后，它们会食用其他成狼咀嚼吐出的食物，直到能够自行吞下固态食物。

▶ 狼崽天性爱玩，喜欢四处跳动，扭打在一起。有的时候，它们还会彼此追逐或者拔河，这些游戏是在为它们成年后的捕猎做准备。

▶ 狼宝宝不会自己上厕所，狼妈妈需要为它们舔舐身体，帮助它们将排泄物排出。

噫！

森林

是真还是假？

　　恐狼是北美洲的本土狼种，以已灭绝的美洲巨型动物为食。在大约9500年前，恐狼的巨型猎物消亡后，它们也灭绝了。没有食物，谈何生存？恐狼体型非常大，与现今最大的灰狼体型相当。当恐狼消失后，来自亚洲和美洲阿拉斯加的**灰狼**占据了它们留下的生存空间。

我和动物的小故事

　　我曾给"狼"喂过食，与它同行，还与它共眠。它是我最好的朋友，名字叫布奇（Butch）。不过和你想的有些不同，布奇是我的狗，一只黑色的拉布拉多。狗其实也是狼的一个亚种。狼的学名中的属名*Canis*在拉丁文中的意思就是"狗"。我在7岁时认识了布奇，养了它15年。布奇是我生命中重要的一部分，它非常贴心，我们一起经历了每一次冒险。

独辟蹊径

狼生活在各式各样的栖息地中，但它们通常更喜欢生活在偏僻的地方。

▶ 狼可忍耐的最低生存温度为-40℃，最高可达50℃。

▶ 部分种类的**灰狼**生活在海滩附近，它们是出人意料的游泳高手。这些狼也被称为海狼、雨狼或者海岸狼。它们生活在加拿大不列颠哥伦比亚省的海岸附近，为了抵达海中的岛屿，它们经常在波涛汹涌的寒冷海水中游上超过12公里的距离。它们的饮食也反映了它们与大海的亲密关系，食物包括贝壳、螃蟹、蛤蜊、鱼、藤壶、鱼子和海豹，甚至还有被冲上沙滩的已经死了的鲸类。

▶ 许多狼选择生活在食物丰富的森林中，树木为它们提供了很好的藏身之处。森林中也有很多适合养育狼崽的地方，比如树洞和地洞。

▶ 北极狼栖息在气候寒冷的地方，冰雪和冻土意味着无法挖掘地洞，所以它们生活在山洞或者岩石裂缝中。在温度零下的环境里，北极狼依靠加厚的皮毛来保持温暖。部分北极狼的栖息地在一年之中的5个月都没有阳光。当春天来了，带来光亮和温暖时，北极狼的下层绒毛便会脱落，不然会导致身体过热。这就像你脱掉了毛衣，只穿外套一样。

气候变化

因为气候变化，**埃塞俄比亚狼**位于群山中的栖息地正不断缩小。北极狼也受到了威胁，它们在冰雪中的栖息地变得越来越暖，食物也日益减少。

狼嚎

▶ 就像你会和家人聊天一样，狼群中的狼会通过嚎叫进行沟通。

▶ 狼的嚎叫是标记领地的一种方式。如果狼群同时发出嚎叫声，它们或许是想让附近的狼知道：你们进入了我们的地盘，快走开！

▶ 有的时候，狼嚎是发动进攻前的警告，但也有例外。当一头狼听见另一头狼的叫声后，它也会跟着嚎叫起来。就像是当你看见附近有人打了个哈欠，你也会做出相同的动作一样。

狼爪巡逻队

狼有着硕大的爪子，爪印的平均大小和一个三明治差不多。

森林 ·

捕猎

▶ 狼是食肉动物，也是技巧超群的猎手，通常会抓捕比它们大出不少的猎物，比如马鹿、白尾鹿、驼鹿和驯鹿。北极狼捕食的麝牛的体重是自身的10倍。

▶ 狼一次能吃掉10千克食物。抓捕大型动物并不容易，所以当狼群成功猎杀了猎物后，它们不会浪费一点儿食物，即便吃到肚子要爆炸，也会全部吃完。有的时候，狼会连续多天，甚至一个多星期吃不上饭，所以它们非常珍惜食物。

▶ 狼并不挑食，鱼类、鸟类、蜥蜴和蛇都是它们可以接受的零食。狼的主要食物是肉类，但偶尔也会吃水果，比如莓果。

▶ 狼通常会长时间地追赶猎物，使得猎物筋疲力尽，以方便猎杀。有的时候，它们可以连续奔跑20公里。

▶ 狼群一般会集体出动猎食，合作捕杀猎物。团队猎食也意味着要分享食物，但是每头狼得到的食物分量并不一样。两只头狼可以优先进食，通常会吃掉食物最好的部分。

灵长类动物

灵长目涵盖了一系列的动物：猴、猿、狐猴、眼镜猴，还有……你！是的，人类和上述的所有动物都有着亲缘关系，这也解释了为什么这些动物的一些举动与人类如此类似。你有没有见过猿类与朋友手拉手，抱着孩子，或者咧嘴露出笑容？它们与人类有着不可思议的相似性。虽然如此，你和你的灵长目亲戚之间依然存在着许多差异。比如，你会吃下从朋友的毛发中拣出来的虫子吗？

全部都找到！

目前，人们依然会在世界各地发现灵长类动物的新品种，多为体型娇小的品种，比如**狐猴**和**婴猴**。就在2017年，人们发现并命名了一种来自苏门答腊的新种猩猩——打巴奴里猩猩。

在哪里可以看见灵长类动物？

多种猴类生活在非洲、亚洲和南美洲，只有一种猴子生活在欧洲，那就是生活在直布罗陀的**地中海猕猴**。

大型猿类（除了人类）分布在亚洲和非洲国家，而小型猿类仅生活在亚洲。

狐猴只生活在马达加斯加及附近的小岛上。

谁是谁？

灵长目是一个较大的类群，我们要厘清其中的关系并不容易。灵长类动物被宽泛地分为两类：**狐猴**、**蜂猴**和**指猴**属于原猴亚目，**猴**、**猿**和**眼镜猴**属于猿猴亚目。人类也属于第二组。

▶ 虽然**大猩猩**、**黑猩猩**和**猩猩**通常都被称为猴子，但其实它们都是猿类。怎么区分猿与猴呢？猿没有尾巴，可以双脚行走，比猴还聪明（猴子已经非常聪明了！），而且体型通常更庞大。猿可以分为两种：大型猿类和小型猿类。大型猿类包括**大猩猩属**、**猩猩属**、**黑猩猩属**。小型猿类包括**长臂猿科**。

▶ 猴的种类也有很多。它们首先被分为两个大组：旧大陆猴和新大陆猴。旧大陆猴生活在亚洲和非洲，而新大陆猴分布在南美洲和北美洲。旧大陆猴既可以在地面生活，也可以在树上生活。它们的屁股下面长着类似皮革的特殊皮肤，当它们坐在地上时会更为舒适。新大陆猴通常生活在树上，灵活的尾巴可以攀抓树枝，就像是一条额外的胳膊。旧大陆猴通常是长鼻子、小鼻孔，鼻孔间距近且朝向下方，就和你的一样。而新大陆猴的鼻子更短，鼻孔间距远，朝向两侧。

▶ 在恐龙灭绝的年代，**眼镜猴**的进化方向与猿、猴出现了差异，所以它们看上去比较另类。

森林

你的牙齿好大！

当猴子对你露出笑容，并不意味着它们想与你做朋友，这其实是它们在感受到威胁时发出的警告。

保持干净

灵长类通过为彼此梳毛来建立关系，它们会轻抚并梳理对方的毛发，还会挑、捡虫子。虽然有时会将虫子吃掉，不过它们依然有着非常严格的卫生标准。比如，**山魈**（xiāo）拒绝为感染了寄生虫的同类梳毛。那它们如何辨别对方是否感染了寄生虫呢？当然是通过闻粪便了！这个举动有效地防止了寄生虫的传播。

聪明！

获奖的是……

最奇怪的外貌奖非**指猴**莫属：暗色毛发上零散分布着蓬松的白色长毛，使得它们的体型显得更为庞大；耳朵大得离谱；锋利的门牙会不断地生长，这与指甲有些类似；至于手指，指猴的中指也非常奇怪，比其他的手指都要长，看上去就像是一节覆盖着薄薄皮肤的骨头。这根手指异常敏感，所以指猴会用它摸索四周。

猴子长什么样子呢？

酷！

如果你认为人类的各式发型令人惊叹，不如看看其他灵长类动物的酷炫妆发吧！

▶ **金狮狨**（xū）小小的黑色脸蛋周围环绕着厚厚的、光滑的、橙色的毛发，就像是狮子的鬃毛。

▶ 成熟的雄性大猩猩有时也被称为银背大猩猩，因为它们的背部长有大块的银色毛发。

▶ **倭**（wō）**黑猩猩**的

毛发较长，头顶中间通常有一道自然的分界线，耳周毛发蓬松，看起来与人类出奇地类似。

▶ **环尾狐猴**多为灰色或棕色，腹部为奶油色，长长的多毛尾巴则显出黑白相间的圆环图案。

▶ **川金丝猴**有着浓密的

最大与最小·

灵长类动物中体型最大的是大型猿类，而大型猿类中的佼佼者是**山地大猩猩**。它们的身高接近2米，体重约为220千克。**猩猩**稍小一些，身高在1.5米以下，体重约为200千克，不过值得一提的是，它们是生活在树上的最大哺乳动物。

山魈是猴类中体型最大的，身高1米，与4岁人类儿童的平均身高相当。它们的体重超过35千克，接近10岁儿童的体重。

最小的猴子是**倭狨**（róng），身高不到13厘米，仅重100克，和一沓扑克牌的重量差不多。

然而，倭狨还不是最小的灵长类动物，**狐猴**才是。虽然有些狐猴的体型相当庞大，但有一类名为**倭狐猴**的种类还不到6厘米高，体重不及30克。

橙色毛发及无毛的蓝色脸庞。它们的鼻子十分简化，就像人类头骨上的鼻腔。

▶ 不是所有的**蓝眼黑美狐猴**都是黑色的，只有雄性是黑色的，雌性的毛发则是褐色的。它们也是除了人类之外，惟一一种拥有蓝色眼睛的灵长类动物。

▶ **皇狨**的嘴上长着两绺长长的胡须，不仅仅是雄性，雌性也拥有这样的奇异特征。

▶ **白脸僧面猴**是体型庞大且壮实的猴类。虽然它们全身的毛发都是黑色的，但脸部覆满了白色的毛发，只有眼睛和鼻子露在外面。

▶ **德氏长尾猴**长有白色的山羊胡须，前额有一块突出的棕色毛发。它们头部的黑色毛发十分整齐，看上去就像是刚从理发店出来的样子。

奇怪的饮食习惯

灵长类动物有着奇异的食物偏好，它们的口味无人能懂。

一群灵长类动物叫什么？

在英语里，一群（**猴子**）或者一群（**狐猴**）可以用a troop表示，一群（**大猩猩**）可以被称为a troop或者a band（与乐器没有关系）①。一群（**黑猩猩**）有的时候可以用a community表示，而一群（**猿类**）通常用a tribe指代，有时也可用a shrewdness。

▶ **长鼻猴**只吃还未成熟的水果。成熟水果含有大量糖分，糖分在胃里分解后，会使长鼻猴身体肿胀，甚至死亡。

▶ 雄性**大猩猩**一天最多能吃18千克的食物，以绿色有叶的植物为主。

▶ 许多**狐猴**喜欢吃花蜜，包括**红领狐猴**和**獴**（měng）**狐猴**。它们会将鼻子伸入花朵中带出花蜜。獴狐猴甚至还会食用花朵。

▶ 部分**红疣猴**喜欢吃烧焦了的树木里的煤炭。不过它们这么做并不是因为煤炭好吃，而是借助煤炭排出食用树叶时所产生的毒素。

▶ **竹狐猴**的食物90%是竹子。不同种类的竹狐猴食用的竹子部位不一样，这也意味着它们不用抢夺食物。部分竹狐猴偏好鲜嫩软脆的竹笋，另一些则喜欢竹茎中的柔软内芯，虽然它们不得不撕碎竹茎，才能吃到美食。

▶ **日本猴**在吃饭前会冲洗食物，比如清洗土豆。它们有时使用淡水冲洗，有时也会使用咸水。日本猴在使用咸水时，每咬一口土豆，就会把土豆放进水里蘸一蘸。它们可能也发现了，土豆与盐是完美的组合！

捕猎与觅食

▶ **眼镜猴**是出色的猎手，它们会捕杀昆虫、鸟类，甚至蛇。它们从高处跃下，悄无声息地给予猎物致命一击，使用锋利的牙齿完成猎杀。

▶ **指猴**会用长长的中指在树枝上敲打，寻找隐藏在树木中的昆虫洞穴。当它们找到后，会继续使用中指撕开树皮，将昆虫及幼虫捞出。

▶ 英语中有句俗语：不要在吃饭的地方大便。而**倭狐猴**偏偏反其道而行之！它们喜欢在家的附近排泄。由于粪便中含有丰富的肥料，它们吃下并排出的水果会萌发新芽，成长为一株新的植物。这种狐猴的家门口最终会长满它们喜欢吃的植物。

好方便！

①在英语里，band亦有乐队的意思。——译者注

猴子的尾巴都一样吗？

狐猴的尾巴长而柔韧，看上去非常适合悬挂在树枝上，或者在树间荡来荡去。但其实并不是这样的！与新大陆猴有所不同，狐猴的尾巴无法抓牢物体，只能用于保持平衡。

我曾与一只大猩猩发生过一段恐怖的故事。当时，我正在参观美国的一家动物园，工作人员带我进入了喂养动物的地方。我正走在大猩猩的围场旁，突然听见一阵轰鸣声。我以为地震了！伴随着震耳欲聋的咆哮声，所有东西都开始抖动。我转过头去，眼前出现了一张成年雄性大猩猩的脸，它叫凯撒（Caesar）。凯撒撞向了铁栏杆，直勾勾地盯着我。我的心跳加快，身体产生了应激反应。这令人害怕的动物体重超过200千克，它在跺脚、咆哮，对我露出了牙齿，而我和它之间只隔着铁栏杆。

森林

可靠的工具箱

灵长类动物通常会用手和牙齿把水果、种子和坚果打开，但有时候也需要借助外力，所以它们学会了使用工具。

▶ **卷尾猴**会把腰果放在石头上，再用另一个石头砸开。它们也会使用石头砸开果核以及不同的壳类生物，例如砸螃蟹。这种猴子还会利用树枝从地里挖东西，比如挖出植物根茎或蜥蜴蛋，以及在类似岩石裂缝这样难以进入的狭窄空间中找吃的。

▶ **黑猩猩**的主要食物是水果，但它们也吃昆虫和动物的蛋，甚至会食用包括猴子和野猪在内的动物。它们通常会使用石头来砸开动植物的外壳，也会将树枝捅进蚁穴中挖食。它们还懂得使用树叶来舀水喝。

生物特征

不是所有的灵长类动物都有着相同的特征，部分种类的特征格外显眼。

▶ **蛛猴**拥有瘦长的胳膊和极其灵活的尾巴。它们的尾巴可达1米长，比身体还长出不少。

▶ **眼镜猴**的眼睛硕大无比，与脑子大小相当。部分种类的眼镜猴，比如**菲律宾眼镜猴**，它们的眼睛比胃部还大。

▶ 雄性**长鼻猴**的鼻子很突出。鼻子越大，对异性的吸引力越强。长鼻猴的鼻子不仅起到了装饰的作用，也可以用来发出响亮的声音，以宣告统治地位。

▶ **猩猩**的胳膊长得有些可笑，当它们站直时，胳膊都快要着地了。它们的臂长可超过2米。

▶ 部分**狐猴**会在尾巴及后肢中储存额外的脂肪，以撑过没有食物的休眠时期。**脂尾倭狐猴**的尾巴重量占据了它们体重的40%。

● 我和动物的小故事 ●

我与灵长类动物有过一段非常暖心的经历。有一次，我与妻子带着刚出生的孩子前往动物园，当时我们坐在黑猩猩围场的外面。黑猩猩通常会与人类进行一些互动，但是如果人类的举动不是很有趣，它们也会感到无聊而离开。那天早晨的动物园很安静，没有什么人，所以黑猩猩们都在做着自己的事情。而当我的妻子开始给孩子喂母乳时，围场中的每一只母黑猩猩都停下了手中的事情，看向了我的妻子。它们挤在围场的窗户旁边，一直盯着她看，好像在问："它们也会这么做？"母黑猩猩看得入了迷，这个场景非常不可思议！黑猩猩很健谈，当这一幕发生后，它们说话的腔调都变了，好像在说："你们看，这太神奇了！"

猴子的聊天

和人类一样，灵长类动物也会经常聚在一起聊天。它们会沟通各种事情，在找到食物、标记领地、吸引配偶、被捕食者入侵时，它们都会与彼此通信。除了口头语言，灵长类动物也会使用身体语言及手势进行沟通，不过，鸣叫声依然是非常常见的沟通方式。

▶ **黑猩猩**能够发出各种声音，从嘲骂声、大叫声到咕哝声。有的时候，当它们一起玩耍或者互相挠痒痒时，甚至还会发出哈哈的大笑声。黑猩猩的脸极具表现力，可以用表情进行沟通。它们还会用各种手势表达想法。

▶ **黛安娜长尾猴**的语言是猴类语言中最复杂的，光警告声就不止一种，甚至它们还用不同的声音代表不同的捕食者。它们还会将单一的叫声组合在一起，以表达复杂的意思，这就像你会使用单词组句一样。它们除了有着详细的语言外，还能听懂生活在附近的其他猴类的叫声。也就是说，它们会说好几种猴语。

▶ **山地大猩猩**通过嘲骂和咆哮等叫声，以及丰富的肢体语言来显示统治地位。它们通常会拍打胸口、两腿直立，以显得更为高大和具有胁迫感。

▶ **吼猴**的声音在猴类中是最大的。一群吼猴经常会同时发出叫声以标记领地，它们响亮的声音能传播到5公里以外。

▶ **倭黑猩猩**是可以发出最多种声音的猿类，在40余种不同的声音中包括了咕哝声、呐喊声、尖叫声、低吼声和呼啸声。它们还会发出一种特别的吱吱声，这个声音根据它们正在做的事情的不同，有着不同的意思。

▶ **环尾狐猴**会使用大量的口头语言及肢体语言来互相交流。它们在移动时，通常会将醒目的尾巴高高竖起，群组的其他成员便能知晓前进的方向，不会走失。

森林

赶紧加水

女性统治世界

　　部分灵长类族群的首领为雄性，但有不少族群的统治者为雌性。**倭黑猩猩**的首领便是母倭黑猩猩，它们的族群是灵长目中最和谐的族群之一。倭黑猩猩乐于分享，合作得非常愉快。包括**环尾狐猴**和**倭狐猴**在内的大部分狐猴种类，它们的猴王也是雌性的。雄性狐猴会时常更换猴群，而雌性狐猴一辈子都生活在同一族群中。

　　▶ **日本猴**冬天时会在室外泡温泉，让自己保持温暖。它们生活在会下雪的地方，在暖乎乎的温泉中泡泡澡，这能够有效地驱赶寒冷。它们既喜欢让自己暖暖的，也很享受雪的乐趣。日本猴非常喜欢玩雪，有时候还会像人类一样滚雪球。

　　▶ **长鼻猴**是游泳健将，甚至可以从树上直接跳入水中。它们的手脚长有特殊的蹼，就像是自带的蛙鞋，能让它们更好地游泳。

　　▶ 有的时候，**黑猩猩**与**猩猩**最讨厌的就是把自己弄湿，所以它们会使用大片的树叶当雨伞，举在头顶，防止被雨淋湿。

气候变化

森林砍伐对于灵长类来说是一个大问题，它们因此失去了大量栖息地。这对于对栖息地有着高要求的动物来说尤其严峻，比如马达加斯加岛上的**狐猴**。部分灵长类只生活在寒冷的山峰。随着气候变暖，它们不得不向更高的海拔迁徙，直到无处可去。

许多灵长类动物对于植物的生长和传播是有助益的，因为它们会食用并排泄出植物的果实。在它们的粪便中，植物的种子会发芽生长。不幸的是，即使灵长类动物不断地进食排泄，也赶不上人类在某些地区砍伐树木的速度。

婴猴会使用尿液标记领地，但是它们不会直接尿在树上，而是尿在手里，再把尿液擦到树上。

害虫滚开！

包括**卷尾猴**和**蛛猴**在内的许多猴类会将昆虫与特定植物的树叶抹在身上，这么做或许是为了防止昆虫叮咬。因为当它们身边的昆虫较多时，这个动作会更为频繁地出现。

狨和**獴**也会使用植物来驱赶害虫。人们认为，它们会吞下大颗的植物种子，以排出体内的寄生虫。

森林 ●

照顾宝宝

▶ 灵长类的幼崽通常是父母的小巧版本，但**黑叶猴**是个例外。成年黑叶猴有着如丝般光滑的黑色毛发，面颊有两处醒目的白色区域，而黑叶猴的幼崽却通体橙黄。随着年龄的增长，它们的毛发才会逐渐变为黑色。

▶**猿类**照顾幼崽的时间通常长于其他动物，幼崽至少在7岁时才能自行生活，有时甚至在进入青春期后才离开父母。

▶ 许多灵长类动物会定期地寻觅新的配偶，但**长臂猿**不会这么做，它们与伴侣长期生活在一起，通常也会与孩子一起生活。

▶ **狐猴**的幼崽在英语中被称为pup。它们刚出生时，会被狐猴妈妈衔在嘴里四处走动。长大一些后，它们便会附着在妈妈的肚子上或背上，如同骑着摩托车一般。有的时候，狐猴妈妈会有点儿不高兴，尤其是当宝宝们已经能够自行走路时，妈妈们会轻轻地啃咬幼崽，直到宝宝愿意从自

己身上下来。

▶ **蜂猴**与**狐猴**不会带着幼崽觅食，而会在捕食区域的附近找一个舒适的地方，将宝宝放下，回家前再过来接走宝宝，就像是人类在上班前把孩子放在幼儿园一样。不同的是，它们的幼崽没有老师看管，只能自己待着。当幼崽还不能自行走动时，这个方法非常实用。但长大一些后，它们会到处乱走，父母在觅食后还要四处寻找宝宝。

沙漠及草原

蚂蚁

在英语中，一群（蚂蚁）被称为an army。

你肯定见过蚂蚁，而且肯定见过不止一只，因为蚂蚁喜欢群居生活和组团行动，它们的团队非常庞大。蚂蚁涌出蚁穴的场景就像是从小丑车上走下来的小丑，既神奇又有一点儿可怕。这么多的蚂蚁是如何挤在看上去并不大的蚁穴中的呢？我们稍后会讲到这一点。

蚂蚁非常善于团队合作，它们不但是非凡的建筑工，而且善于耕种（一会儿你会知道它们耕种的是什么恶心的东西）。不过，比起会爆炸、会变成僵尸或者吸血鬼的蚂蚁，"农民"蚂蚁也就不算什么了。

在哪里可以看见蚂蚁？

所有适宜居住的大洲上都有蚂蚁的身影，只要人类能生存，蚂蚁就能生存。如果某些地方的生存环境连人类也无法适应，蚂蚁也会避而远之，比如南极洲。

蘑菇与牛仔

有些蚂蚁对于每日的餐食抱着碰运气的态度，而有些蚂蚁则喜欢确切知道下一顿饭吃什么，所以它们会自己耕种食物。

▶ **切叶蚁** 会在地下搭建农场，用心照料营养丰富的真菌。它们甚至还会捣碎叶子，为真菌施肥。这种真菌在世界上的其他地方都找不到，它们只能在蚂蚁的悉心照顾下生长。成年蚂蚁极少食用真菌，它们种植真菌是为了喂养孩子，自己则主要以植物汁液为食，它们真是伟大的父母。

▶ **牧蚁** 会悉心照料数量庞大的小巧梨形昆虫——蚜虫，蚜虫以植物汁液为食。牧蚁会带着蚜虫四处走动，让它们吸食足够的植物汁液；为蚜虫搭建遮蔽处，不让它们淋湿；还会赶走蚜虫的天敌，比如瓢虫。有的时候，牧蚁会把蚜虫的翅膀咬下来，防止它们飞走。牧蚁为什么要照顾蚜虫呢？因为蚜虫会分泌一种被称为蜜露的含糖物质——牧蚁喜欢的食物。牧蚁会使用触须为蚜虫挠痒，让蚜虫从屁股中分泌出蜜露。是的，从本质上来说，牧蚁饮用的正是从屁股流出的奶水。

> 好粗鲁！

> 恶心！

闻到回家的路

蚂蚁会在路径上留下一种被称为信息素的化学物质，其他蚂蚁会跟随信息素寻找食物或者找到回家的路。如果想知道蚂蚁路径的重要性，你可以在行进的蚂蚁列队中找到一处空当，用手指擦拭路径。当后来的蚂蚁到达擦拭的地点时，它们会迷惑不解并转身返回，或者四处游荡，尝试通过寻找气味，回到原来的路径上。

虽然我们闻不到信息素的气味，但是对于蚂蚁来说，用于标记路径的这种化学元素气味非常强烈。1毫克的路径信息素能够创建一条极长的蚂蚁高速公路，长度足以绕地球60圈。

沙漠与草原 ●

蚂蚁豪宅

蚂蚁的地下巢穴硕大无比，有些与鲸的骨骼一样大。南美洲的一种**切叶蚁**的巢穴绵延数千米，有将近2000个房间。有些房间面积极大，至少能放下6个篮球。蚂蚁需要挖出3500千克的泥土才能搭造出如此巨大的巢穴，这些泥土的重量相当于20头犀牛的体重。

蚂蚁生活在大型群体中，这在英语里被称为colony。虽然我们极少能一次性地看到所有成员，但当它们聚集在一起时，大小能够媲美一只大型章鱼。蚂蚁群体中的大部分成员为雌性工蚁，群体中的分工与人类社会类似，每个成员负责不同的工作，让蚂蚁社会顺畅运转。以下是蚂蚁的几种工作：

保姆蚁
照看蚂蚁卵及蚂蚁幼虫。

探索蚁
负责外出觅食。

不吃大脑的僵尸

僵尸蚂蚁是指躯体被致命真菌侵占了的弓背蚁。真菌的目标是感染尽量多的蚂蚁。首先，它们会入侵蚂蚁的身躯，控制肌肉，但是不会损伤大脑。然后，真菌便开始施展不可思议的邪恶大脑操纵术，读取僵尸蚂蚁大脑中的信息，了解其他蚂蚁所处的地方，并逼迫僵尸蚂蚁前往那个位置。接着，真菌会让蚂蚁爬到高处。到达高处后，真菌会从蚂蚁的头部向外萌发，飘落至其他蚂蚁身上，继续感染它们。

医生蚁
照料生病的或受伤的蚂蚁。

垃圾收集蚁
负责清理巢穴中的垃圾。

还是几乎不工作？

如果群体中的大部分蚂蚁都是雌性工蚁，那么其他的成员又是谁呢？

▶ **雄蚁：** 这些家伙只有一个工作，就是与蚁后交配。当它们完成任务后，很快就会死去。

▶ **蚁后：** 蚁后的唯一工作就是产卵，日常起居的所有需求均由工蚁解决。有一群体贴的仆人围在身边照料生活，这听上去相当惬意，但其实蚁后也有自己的苦楚。在部分蚂蚁种群中，蚁后一旦开始产卵，就再也无法动弹了。在10年的生命里，它每分钟要产下20颗卵。蚁后没有新鲜的空气，无法舒展腿脚，这么说来，似乎还是工蚁的生活更为划算。

那只蚂蚁是垃圾

垃圾收集蚁身上散发着垃圾的味道，这种味道会激怒其他蚂蚁。如果一只垃圾收集蚁偷偷地想要换工作，身上的气味就会出卖它。当其他蚂蚁闻到后，会立刻把这只倒霉的垃圾蚂蚁推回到垃圾堆中。

友好的吸血鬼

女猎释猛蚁，又称**德古拉蚁**，因吸食幼虫的血而得名。这听起来有点儿暴力，但是不用担心，它们并不会伤害幼虫。实际上，德古拉蚁对孩子的悉心照料与其他蚂蚁并无二致，只是会吸点儿血作为回报。

还未发现的蚂蚁

目前世界上存在14000种不同的蚂蚁，但是因为它们体型小，且善于藏匿，所以地球上极有可能还有14000种蚂蚁等待我们去发现。或许你会成为发现它们的人！

是枪伤还是被蚂蚁咬伤？

最大的蚂蚁是**子弹进猛蚁**，生活在南美洲和中美洲的热带雨林中。这些蚂蚁能长至30厘米，比它们的**细蚁**亲戚足足大了30倍。被子弹进猛蚁蜇伤的疼痛不亚于中枪，堪称是昆虫蜇刺痛感之最，这也是它们名字的由来。你会痛苦地扭动、尖叫、呕吐甚至昏迷，而且这种疼痛无法快速好转，将持续整整24小时。

超级力量

别看蚂蚁体型小，它们可是十分强壮的。蚂蚁可以举起自身体重50倍的重量，同时还能在崎岖的地形上攀爬。想象一下，将你的50个朋友举过头顶，再穿越障碍赛的场地，这该有多么不可思议！

活埋！

送葬的蚂蚁不会因为一只蚂蚁不再动弹就认为它已经死去，而是通过气味进行辨别。蚂蚁死后，腐烂的身体会分泌出一种被称为油酸的物质。当送葬的蚂蚁闻到油酸的味道后，它们就会将死去的蚂蚁抬到墓地。如果活着的蚂蚁身上沾上了油酸，即使它们依然活蹦乱跳，也会被迅速地抬走。如果它们尝试逃出墓地，送葬的蚂蚁会不断地将它们拉回去，直到它们身上不再散发出臭臭的油酸味道。

清新而干净

蚂蚁的触须上覆盖着一层细细的毛发，它们需要保持毛发干净，才能与彼此沟通，寻找道路。保持清爽这并不是一件难事，因为蚂蚁的前腿自带了一套梳理工具。当它们用前腿梳理触须时，腿上的刚毛[1]会将所有尘土清理干净。

聪明！

臭臭的蚂蚁

有一种蚂蚁被称为**矮酸臭蚁**，当它们被压扁的时候，会散发出一股恶心的味道，就像是腐烂的椰子或是蓝纹奶酪的味道。

恶心！

古老的蚂蚁

蚂蚁与蜜蜂、胡蜂曾有共同的祖先。在大约1.4亿年前，它们开始进化成蚂蚁。

爆炸蚂蚁

为了将捕食者吓离蚁穴，有些蚂蚁会让自己爆炸。它们会蜂拥而上，附着在入侵者的躯体上，然后收缩自己的身体，直至爆开。**爆炸平头蚁**便是一种会爆炸的蚂蚁，它们在爆炸时，会释放出一种致命的黄色黏性物，对捕食者造成双重威胁。奇怪的是，这种黏性物闻起来挺香的，像是咖喱的味道。

娇小但致命

最小的蚂蚁是**细蚁**，还不到1毫米长。也就是说，笔尖大小的地方就足够成为细蚁的舞台了。但是，你可不要被它们娇小的外表欺骗了，这种小小的蚂蚁其实是无与伦比的猎手，它们会蜂拥至比它们庞大许多的毒蜈蚣身上，将其放倒并吞食。

可堆叠的蚂蚁

火蚁可以像杂技演员一样堆叠成塔，以翻越障碍。有的时候，堆叠的蚂蚁数量能超过30只。大群的火蚁会相互附着，形成能够浮于水面的筏子。它们的足部长有黏性十足的特殊脚垫，这可以更好地与彼此粘连。

聊狐

这些居住在沙漠中的小狐狸比宠物猫还要娇小，而它们的大耳朵看上去与大型犬更为般配。它们实在是太可爱了，不过透过它们可爱的外表，你或许会生出一些疑问：为什么它们要长出这么大的耳朵？毛茸茸的它们是如何在炙热的沙漠中生存的？

动物有意思：给孩子的野生动物大书

在英语中，一群（狐狸）被称为a skulk或者a leash。（聊狐没有自己的专用群组指代词。）

聊狐在开心的时候，会发出咕噜的声音。

可爱！

在哪里可以看见聊狐？

聊狐生活在北非，包括炎热的撒哈拉沙漠。

跳高

聊狐的跳跃高度可以达到6厘米，是它们身高的3倍。

气候变化

聏狐非常适应干燥炎热的生活环境，但随着全球变暖，撒哈拉沙漠的温度日益升高，就连这种十分耐热的狐狸也越来越难以适应这样的高温了。

古老的狐狸

最早的狐狸化石来自非洲，已有700万年历史。聏狐是一种非常古老的狐狸，它们的亲戚或许已经在非洲沙漠中生活了数百万年。

夜晚的狐狸

虽然聏狐知道如何让自己保持凉爽，但如果它们在日间的沙漠中闲逛的话，也会热得难受，所以它们白天是不会出门的。聏狐会用毛茸茸的脚丫挖出地洞，大部分时间都蜷缩在里面打盹儿，只有晚上降温时，才会出来捕食。

你不热吗？

对于生活在沙漠中的动物来说，聏狐的皮毛格外华贵而浓密，就连它们的脚上也长满了毛发。虽然看起来非常不方便，但这身皮毛是它们赖以生存的关键。在沙漠中，白天虽有太阳炙烤，但夜晚的温度低得不可思议，所以聏狐在日落后需要依靠皮毛来保持温暖。令人惊讶的是，它们的毛发在日间也十分有用。如果没有这身毛茸茸的外衣，聏狐脆弱的皮肤马上就会被烧焦。脚上的毛发对于在沙漠中行走有着至关重要的作用。如果你在炎热的天气里光脚走在沙子上，你就知道这是为什么了，因为沙子在阳光下会变得滚烫无比。

奶奶，为什么你的耳朵那么大？

聏狐全身上下唯一不迷你的部位就是它们的耳朵，能达到惊人的15厘米，几乎与它们的身高相当。为什么它们的耳朵那么大呢？原来是利于更好地听见猎物的动静。聏狐的听力极为出色，它们甚至能够听见小虫子在沙子深处穿行的声音。它们会借助听力锁定虫子的位置，精准地刨开沙子，然后美餐一顿。聏狐像蝙蝠一样的耳朵也是炎热沙漠中的生存利器，能够为身体散热，控制体内温度。

犰狳

在英语中，一群（犰狳）可以用 a roll 表示。

犰狳的长相很奇怪，结实的身躯外覆盖着毛发与甲片。犰狳的西班牙语名字本意为"戴盔甲的小家伙"，而在阿兹特克语中，它们的名字是"乌龟—兔子"的意思。

犰狳有各种不同的颜色，包括黑色、红色、棕色、灰色、黄色和粉色（继续读下去，你就会知道为什么会有粉色的犰狳，原因是出人意料的"黏糊糊"）。部分犰狳可以滚成球状，看上去就与石头无异。它们的声音也非常奇特。

在哪里可以看见犰狳？

几乎所有的犰狳都生活在南美洲，只有一种犰狳生活在北美洲，那就是**九带犰狳**。

全副武装

大部分犰狳的身上都覆盖着一层保护性的外壳，由几片重叠的甲片连接而成，就像是古代骑士的盔甲。

▶ 每一种犰狳的外壳都不一样，甲片的片数也不一样。通常会有两块主板，一块覆于屁股，一块覆于肩膀，中间还有几条灵活的条带。部分犰狳是以它们身上的条带数量命名的，比如**九带犰狳**和**三带犰狳**。

▶ 大部分犰狳的尾巴、头部及足部都覆盖着盔甲，而它们柔软的腹部肌肤却裸露在外。**三带犰狳**是唯一一种可以蜷缩成球状的犰狳，全身都能得到保护。无法蜷缩成球状的犰狳只能寻找其他办法来保护脆弱的腹部。它们遇到危险时，会躲进地洞中，只把盔甲露在外面。

▶ **倭犰狳**，又称粉红仙女犰狳，它们的外壳有些另类。它们是唯一一种外壳与身体几乎分离的犰狳，仅靠脊椎处的一点儿皮肤相连。倭犰狳的外壳并不坚硬，虽然无法有效地充当盔甲，但可以调控身体温度。外壳下方长有血管，可以吸收空气及土壤中的温度。通过向外壳输送血液，或将血液排回身体，倭犰狳便能控制自身的体温。它们的外壳是粉红色的，根据外壳表面的血液流动量的大小，颜色会发生改变。

遇到危险，尖声惊叫

有一种犰狳名叫**长毛犰狳**，名副其实[1]。你或许已经猜到了，这种犰狳有着毛茸茸的腹部，在受到威胁时，会发出刺耳的尖叫声。然而，就算它们惊恐地尖叫着，也不会临阵退缩。它们是非常勇敢的。与其他犰狳一样，这种吵闹的生物会跳到蛇的身上，用盔甲的锐利边缘把蛇斩断。

[1]在英文中，此种犰狳名叫Screaming hairy armadillo，字面意思为尖叫的长毛犰狳。——译者注

毛茸茸的肚子

犰狳的腹部长有毛发，不同种类的犰狳的"发型"也不一样。**倭犰狳**腹部的毛发浓密蓬松，而**长毛犰狳**的毛发则长且坚硬。犰狳的毛发非常敏感，当犰狳在走动时，毛发能够感知周围的事物，就像猫咪的胡须。

巨人与小·仙女

体型最大的犰狳有着与自身极为相称的名字——**大犰狳**。它们的体长可以超过1.5米，相当于4个放倒的保龄球瓶的长度；体重达55千克，与8个保龄球的重量相当。最小的犰狳很迷你，名字也十分可爱，叫作**粉红仙女犰狳（倭犰狳）**。这种犰狳最小的只有9厘米，用一只手便能托起，体重仅有85克，比两个高尔夫球还要轻一些。

犰狳宝宝

九带犰狳每次生育的宝宝数量几乎都不止一个。实际上，它们是唯一一种规律性生育四胞胎的哺乳动物。犰狳宝宝出生时没有盔甲，随着时间的推移，它们如皮革般坚韧的皮肤会逐渐变得坚硬，最终形成了标志性的保护壳。

高高跳起

当犰狳受到惊吓时，它们会高高地跳起，飞射至离地1米左右。看到一只犰狳跳得如此之高，大多数猎食者至少会停留片刻，这让犰狳有了逃走的机会，以找到藏身之处。

保持舒适

犰狳的身上几乎没有脂肪，它们很容易感到寒冷。它们的新陈代谢率也很低，自身产出的热量比较少。如果温度过低，犰狳便会死去，所以它们更喜欢居住在温暖的地方。而且，温暖地域的食物更为丰盛。犰狳醒着的时候，需要定时进食，毕竟昆虫不能长时间顶饱。

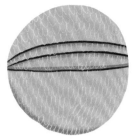

游泳冠军

虽然犰狳看上去与游泳健将一点儿也不沾边，但其实它们的游泳技术好得出奇。犰狳能够屏住呼吸长达6分钟，所以它们可以从河底步行至对岸。如果犰狳吸入了充足的空气，身体就会膨胀，从而能够浮在水面，漂划过河。

嗅闻与进食

犰狳的视力非常糟糕，但幸运的是，它们拥有极为出色的嗅觉。犰狳依靠鼻子寻找食物，它们的食物通常是某种昆虫，蚂蚁与白蚁是它们的最爱。犰狳长而灵活的舌头是抓捕昆虫的利器，它们的唾液尤为黏腻，让猎物难以逃脱。大部分时间里，犰狳会把鼻子埋在土壤中，嗅闻食物。当你的鼻子里充满了松散的泥土时，你是很难呼吸的，所以犰狳在挖掘土壤时会屏住呼吸。

不如打盹儿

大部分犰狳每天的睡眠时间为16小时，它们会在早晨、傍晚或夜间醒来去找吃的东西。**大犰狳**比其他犰狳更能睡，每次睡18小时。

牙齿奇观

大犰狳的嘴里大约塞满了100颗牙齿。

为挖土而生的臀部

犰狳的脚爪强壮而锐利，可以帮助它们挖掘隧道，以捕食及搭建巢穴。**倭犰狳**与鼹鼠一样，生活在地底。实际上，我们很少能在地面上看见倭犰狳，因为它们外出活动的时间正是我们睡觉的时候。倭犰狳有一个特殊的身体部位——臀部的甲片，为挖土提供了极大的便利。倭犰狳首先用爪子把土刨开，用屁股把土推向后方，然后用长在身体末端的坚硬甲片压实土壤，最后清理出一条前进的道路。

蝎子

蝎子因其居住地极为炎热，且会刺伤所有靠近它们的东西而闻名。然而，这不完全准确。蝎子确实是在沙漠中繁衍生息的，但是你知道它们也可以忍受寒冷吗？蝎子身上带有大量毒素，但是它们更喜欢用钳子追捕猎物（这也挺恐怖的）。蝎子还具有许多或许会令你感到惊讶的特质——它们喜欢喝奶昔，喜欢在舞池里转圈圈，还会对自己的呕吐物做出非常奇怪的事情。

蝎子有多大？

世界上最小的蝎子是**迷你微庋（lì）蝎**，想要看见它并不容易，因为它仅有1厘米。最大的蝎子是**印度红爪雨林蝎**，可达23厘米，与一个正常大小的足球直径相当（但它们可没有足球那么好玩）。

在英语中，一群（蝎子）可以用 a bed 表示。

捕猎与进食

▶ 蝎子是无法吞咽固体食物的。它们会从猎物身上撕下大块的肉，然后将消化液呕吐在上面，把固体肉变为肉奶昔。

▶ 蝎子可以降低自身的新陈代谢速度，以在食物稀少时存活得更久。在万不得已时，它们一年只吃一只昆虫也能活下来。

▶ 蝎子通常使用钳子捕捉猎物，而不用它们尾巴上强大的蜇刺。一位猎手不使用自己最厉害的武器，这听起来有些奇怪。实际上，蝎子的毒液并不是随时供应的。当毒液被用完后，蝎子要花上一个星期的时间，才能产出更多的毒液，所以它们会将毒液留用于特殊的时刻。

巨型海蝎子

大约在4亿年前，蝎子的古老亲戚居住在海洋中。这种名叫**板足鲎**（hòu）的巨大海洋生物可达2.5米，和一块冲浪板一样长。幸运的是，我们这个年代的蝎子体型已经小多了。

蝎子会杀死你吗？

世界上存在着大约2000种不同的蝎子，只有不到40种蝎子的毒液对人类来说是致命的。但这也不意味着你可以去拥抱另外1960种蝎子。虽然它们的蜇刺不足以致命，但仍威力十足，被刺了可不好受！

美味！

在哪里可以看见蝎子？

除了南极洲，其他大洲上都有蝎子的踪迹。

可以请你跳支舞吗？

在交配前，每对蝎子夫妇都会跳上半小时的华尔兹。如果它们特别喜欢跳舞，或许会在舞池中摇曳2小时。

没有粪便

蝎子几乎不排泄粪便，只会排出一点点富含氮素的废弃物。

在环澳骑行的旅途中，有一天，我和同伴在澳大利亚内陆搭营过夜。那天晚上温度很高，所以我就睡在了地上，结果却被一只蝎子蜇伤了。我的胳膊无法动弹，不能抓握任何东西，这也意味着我没有办法骑摩托车了！我不得不让同伴用他的摩托车载着我去找最近的医生，我们骑了整整半天才抵达。在将近一天的时间里，我的胳膊都是没有知觉的，即使我的伤势并不严重。当我的胳膊终于恢复知觉后，我才得以返回营地，重新骑上那辆被我抛弃在营地的摩托车。

偷袭蝎子

想要偷袭蝎子几乎是不可能的，因为它们有着近乎荒谬的敏锐感官。

▶ 蝎子有6双眼睛，所以它们没有任何盲点。通过追踪光线的变化，蝎子就能察觉到周围最细微的动静。

▶ 蝎子的爪子上覆盖着纤细的毛发，能够感知附近移动的生物。每条腿的上部都长着对振动极为敏感的杆状器官，甚至能够准确感知1米外的甲虫脚步。

▶ 蝎子的身体下方有一个高度敏感的梳子状器官，名为栉状器，里面长满了神经末梢。蝎子走路时，这个器官能够嗅闻并品尝地上东西的味道。

这层皮肤太过时了

蝎子宝宝出生时，它们的皮肤是柔软的，在长大的过程中才逐渐变得坚硬。即使在成年后，蝎子也不会依赖坚硬的皮肤进行自我保护，因为它们每年蜕去外层的皮肤多达7次。当原有的皮肤剥落后，内层的皮肤仍如丝般柔软。这个时候，蝎子必须低调行事，直到皮肤变为如铠甲般坚硬的外壳。

气候变化

比起包括人类在内的大多数生物，蝎子或许能更好地忍受气候变化。它们的适应力非常强，已经存活了4.3亿年，是最古老的陆生动物之一。

搭便车

在英语中，蝎子宝宝被称为scorpling。对于日后会长成危险生物的它们来说，这个名字有些过分可爱了。蝎子妈妈会将一大群蝎子宝宝背在身上，就像是昆虫世界中的学校巴士。

我和动物的小故事

有一次，我在位于澳大利亚沙漠中的艾尔湖附近露营。当时沙漠里已经很长时间没有下雨了，但那天晚上下了一小会儿阵雨。我走出帐篷，打开了手电筒，只见眼前的沙子上有上百只约为拇指大小的透明蝎子在走动。数量是如此之多，让人没有下脚的地方。当我靠近观察时，我甚至能透过它们的皮肤，看到里面的器官。

全身都是毒素

以色列金蝎在英语国家被称为"死亡潜行者"，它们身上约有100种毒液。即便如此，它们的毒液也很少能够杀死一名健康的成年人。

大象

亚洲象生活在东南亚,**非洲草原象**生活在撒哈拉沙漠以南的非洲地区,**非洲森林象**生活在中非和西非的雨林中。

大象生活在沙漠、草原和森林中,它们喜欢用长鼻子喷水嬉戏,用大大的脚掌踩来踩去,以各种植物作为点心。然而,大象身上还有更多值得了解的事情。比如说,你是否知道以前曾出现过与小马体型相当的大象,以及它们喜欢玩传球的游戏?格外叛逆的大象甚至会组团去找附近猎人的麻烦。

有点酷!

古老的大象

除了大洋洲和南极洲,每个大洲上曾经都生活着大象。当时的大象有数十个不同的种类,小至居住在克里特岛上的**侏儒猛犸(mǎ)象**,它们的体型与一匹小马差不多;大至高大的**真猛犸象**和**乳齿象**,它们来自北美洲和南美洲。

超级鼻子

大象的鼻子比人类的鼻子要灵活得多。它们的鼻子长有10万块令人惊叹的肌肉，可以做许多事情：

▶ 大象可以用鼻子喝水，但和使用吸管喝水的方法并不相同。它们先用鼻子把水吸起来，再灌进嘴里。

▶ 大象可以用鼻子与同类进行沟通，就像是人类使用的手势，或者棒球运动员使用的手语暗号一样。

▶ 象鼻可以用作水管或洒水器。大象会先用鼻子把水吸起来，然后喷洒在自己的身上，进行降温或清洁。

▶ 大象会用鼻子折断树枝，这是为什么呢？因为树枝就是它们的苍蝇拍。

▶ 象鼻是十分强壮的。大象能用鼻子将树木连根拔起，朝捕食者扔过去。用鼻子扔东西不仅仅是一种保护手段，也是一种常见的娱乐项目，就像是人类玩的传球或者扔飞盘的游戏。

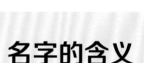
在英语里，一群（大象）可以用 a herd 表示。

巨大的象

象是世界上最大的陆生动物。**非洲草原象**身高可达4米，体重可达11000千克。象宝宝在出生时的体重就能达到100千克。举个能让这个数字更直观的例子：你出生时的体重大概只有3.5千克。

名字的含义

世界上有3种大象：**非洲草原象**、**非洲森林象**和**亚洲象**。亚洲象的学名是 *Elephas maximus*，在拉丁语中是"最大的象"的意思。这个名字很有趣，因为亚洲象的体型是小于非洲草原象的。

象牙有什么用?

象牙就像是大象随身携带的小折刀，强壮、尖锐，而且非常有用。**非洲草原象**的象牙是最大的。

▶ 象牙是挖掘植物根茎等食物，或者钻取地洞以获取地下水的完美工具。

▶ 大象可以用牙齿剥去树皮，从而饱餐一顿。

▶ 如果大象需要恐吓捕食者，或与它们进行打斗，象牙是非常合适的武器。你可以想象，站在一对长长的象牙面前，这个场景该有多么可怕。

生存现状

濒危

亚洲象是濒危动物，**非洲草原象**是近危动物。

让开，菲尔普斯①

大象是极为出色的游泳选手。确切地说，除了专业的人类游泳运动员，大象的游泳水平超过了所有陆生哺乳动物。它们在水中有着良好的漂浮能力。在游泳时，它们的身体可以完全沉浸在水中，只用象鼻在水面呼吸。

气候变化

在很久以前，不同种类的象会通过交配来分享基因②，这样能使它们变得更强壮，更好地适应不同的生存环境。而现今的3种大象只在种内繁殖。科学家们担心这会导致大象对气候变化的适应能力降低，变得更加脆弱。

①迈克尔·菲尔普斯是美国职业游泳运动员，是在奥运历史上获得奖牌及金牌最多的运动员，打破多项世界纪录。——编者注
②指已经灭绝的猛犸象、乳齿象等。——编者注

洗泥浴

大象虽然喜欢在水里游泳，但也乐于在泥塘中打滚。洗泥浴能够让大象保持凉爽，驱除身上的小虫子。泥巴还有一个特殊的功效——当覆盖在大象的皮肤上时，可以起到防晒的作用。是的，大象也会被晒伤！

我和动物的小故事

有一次，我在博茨瓦纳的一处丛林营地中露营，那里有一个小游泳池。一头年幼的小象闯进了营地，玩起了给泳池灌水的水管。工作人员有一些紧张，他们说营地里从来没有出现过大象。不过这起小意外并没有造成伤亡，反而令人捧腹大笑。小象玩得非常开心，它把水管从泳池中拖了出来，往自己身上喷水，然后疯狂地挥动水管，水花四溅！当时我离它只有几米的距离，全身都湿透了。

情绪丰富

大象是极为聪明且敏感的动物。它们有着超凡的记忆力，最多能分辨出1000头同类。大象会从受伤的同类身上拔除矛枪；当爱人死去，它们会哭泣，就和人类一样；它们通常还会为死去的同类下葬。有一次，一群大象闯入了一间小屋，那间屋子里堆满了被非法猎杀的大象的身体器官。这群大象带走了象耳和象脚（本会被用于制作伞筒），并把这些掩埋了起来。

你有奶吗？

象宝宝在2岁之前依赖象妈妈的乳汁存活。当被断奶时，小象会大发脾气，大喊大叫，并用小象牙戳妈妈，难搞程度可匹敌人类最淘气的2岁幼崽。

啊
啊
啊

犀牛

犀牛虽然长得又大又壮，但它们的不少习惯或许能让你开怀大笑，而不是吓得拔腿就逃，这包括它们踩着粪便跳来跳去，以及像一条兴奋过度的拉布拉多犬一样舔舐物体。

怪物犀牛

世界上曾出现过的最大的陆生哺乳动物和今天的犀牛有着极为亲近的亲缘关系，那就是已经灭绝了的巨犀。人们认为这种动物的身高可达8米，体重约为30000千克，相当于8头大**白犀**的体重总和。

奇怪的亲戚

虽然犀牛与貘（mò）、马长得一点儿也不像，但它们有着最近的亲缘关系。

犀牛有多大？

印度犀是最高的犀牛，从脚趾到肩膀的高度约为2米，这意味着它们比许多篮球运动员还高。而**白犀**则是体重冠军，它们的体重可达4000千克，是某些汽车重量的2倍多。它们可以像压扁一只小虫子一样把你压扁！

便便沟通

犀牛在和彼此沟通时，会发出各种声音，包括吼叫声、鸣叫声、哞哞声、咕哝声和哼哼声。犀牛还会用粪便来和同类交流及标记领地。它们会反复地在同一个地方排泄，堆起粪堆，这些粪堆在英语中被称作 dung middens。**印度犀**就特别热衷于此，它们的粪堆可达1米高、5米宽，比一辆小型轿车还要大。排泄完毕后，犀牛便一脚踩入粪堆中，四处走动，在领地上散播它们的气味，警告其他犀牛不准踏入。然而，你可千万不要在家里学习犀牛的做法！

额！

在英语里，一群（犀牛）可以用 a crash 表示，有时也可以用 a herd 表示。

在哪里可以看见犀牛？

犀牛的足迹曾经遍布世界各地。但如今，它们仅生活在少部分区域。森林砍伐和非法盗猎导致所有的犀牛种类都面临着灭绝的危险。

▶ **苏门答腊犀**生活在印度尼西亚和马来西亚。

▶ **爪哇犀**生活在印度尼西亚。

▶ **白犀**生活在南非、博茨瓦纳、肯尼亚、纳米比亚、斯威士兰、赞比亚、津巴布韦和乌干达。

▶ **黑犀**生活在肯尼亚、纳米比亚、南非、斯威士兰、坦桑尼亚、津巴布韦、赞比亚、博茨瓦纳和马拉维。

▶ **印度犀**生活在印度和尼泊尔。

保姆？不需要！

英语中，母犀牛被称作cow，公犀牛被称为bull，而犀牛宝宝则为calf，这与牛的叫法相同。犀牛的怀孕周期为15—16个月。犀牛妈妈对宝宝们关怀备至，保护欲极强，不过这种时期往往只持续2—5年。过了这个时期后，犀牛妈妈就又做好怀下一头小犀牛的准备了，已经出生了的宝宝就只能自己照顾自己了。

我和动物的小故事

我曾经抚摸过世界上最稀有的犀牛——**苏门答腊犀**。人工圈养的苏门答腊犀如今已为数不多，我摸到的这一头生活在美国辛辛那提的动物园里。这头犀牛体型极为庞大，尤为奇妙的一点是，它全身覆盖着厚重的黑色毛发。它似乎很享受被人触摸的感觉，我轻轻地拍打了一下它的体侧，它就稍稍地朝我的手掌靠了靠。当时我有些哽咽，因为它是如此美丽，可它的种类生存现状又是如此严峻。苏门答腊犀是与**披毛犀**亲缘关系最近的动物。已经灭绝了的披毛犀在我脑海中挥之不去。人类已经失去了披毛犀，而苏门答腊犀也即将灭绝。届时，人类将不再拥有任何长毛犀牛了。

把盐给我

犀牛是庞大而强壮的素食动物。它们喜欢用软嫩的新叶、多汁的竹笋、植物茎部、嫩枝草和水果。犀牛每天能够吃下50千克的食物，当于110捆羽衣甘蓝（犀牛真的很喜欢吃叶食物）。它们不仅喜欢吃植物，还疯狂热爱吃盐。每隔几个月，它们都会前往然盐分的堆积处，以你吃薯片的热情狂舔盐。

盐

是敌是友？

犀牛是出了名的强壮动物，但是大多数种类的犀牛只有在为了保护自己或幼崽时才会打斗。如果食物、水源及盐量充足，犀牛与同类之间是可以融洽相处的。只有当资源稀缺时，它们才会采用更激进的方法保护领地（**黑犀**是个例外，它们的脾气可大了）。非洲犀牛没有门牙，所以它们用犀角进行防御。而亚洲犀牛在受到威胁时，通常会使用锋利的下齿抵御攻击。当两只动物打斗时，受伤是难免的，有的时候还会出现死亡的情况。而当两头黑犀打斗

时，一方死亡的概率尤其高，大约有一半的公犀牛与三分之一的母犀牛死在了搏斗中。没有其他哺乳动物在与同类的打斗中拥有如此高的死亡概率。

谁是谁？它们还能存活多久？

在英文里，犀牛的名字是rhinoceros，源于希腊语的"鼻子"与"角"两个单词。每种犀牛的鼻子上都至少长有一只角。长有两只角的犀牛会格外瞩目！然而可悲的是，在盗猎者眼中，犀牛角是可以卖出高价的珍贵之物，他们常常会捕杀犀牛以获取犀角。许多犀牛种类因此濒临灭绝。

▶ **黑犀**与**白犀**不是黑色与白色的，而是灰色的。那么如何区分这两种犀牛呢？最显著的区别在于：黑犀的

嘴唇是尖的，可以直接从树上采摘水果与树叶；而白犀的嘴唇则更方一些，适合啃食地面的鲜草。

▶ **苏门答腊犀**是世界上最古老的哺乳动物之一（这解释了为什么它们长得那么像史前动物），也是极度濒危的犀牛种类。

▶ **印度犀**的下齿极长，可达8厘米。它们喜欢游泳，通常会潜入水中寻找食物，甚至能在水底进食。

▶ 目前，人类所知的**爪哇犀**仅剩67头，所以它们非

常需要我们的保护。

▶ **白犀**分为**北白犀**和**南白犀**。北白犀是世界上最稀少的哺乳动物。它们的犀角极长，可达2米，因此被大量猎杀。目前，世界上仅余2头北白犀，均为雌性，无法单独生育。这个种类的唯一生存希望在于新的科技手段——科学家们取出了北白犀的皮肤细胞并冷冻于实验室里，或许能从中制造出精子细胞。虽然南白犀不是盗猎者的主要目标，但它们也是濒危动物。

沙漠与草原

203

裸鼹形鼠

所谓"萝卜青菜，各有所爱"。有些人觉得裸鼹形鼠无比丑陋，而有些人则认为这种啮齿动物非常迷人。虽然它们看上去确实很奇怪，有点儿像一根长着牙齿与怪异毛发、布满了皱纹的白色香肠，但外表还不是它们最奇特的地方。裸鼹形鼠是世界上少有的几种冷血哺乳动物之一，它们的群体与蚂蚁群体有着奇妙的相似性，而且它们的粪便还有惊人的用处。

在哪里可以看见裸鼹形鼠？

裸鼹形鼠生活在东非沙漠，包括索马里、埃塞俄比亚及肯尼亚的东部。

裸鼹形鼠有多大？

裸鼹形鼠体长通常不到10厘米，体重30—35克，大约是一个网球的一半。裸鼹形鼠鼠后格外肥大，比鼠群中的其他成员至少重一倍，体重有时可接近1.5千克，相当于一只小型吉娃娃的重量。

超级统治者

裸鼹形鼠生活在庞大的族群中，每个鼠群的成员数量通常为75只，最多的时候可达300只。每一只裸鼹形鼠都有各自的分工，而且规矩十分严格。对于裸鼹形鼠来说，最冒险的事情就是挑战鼠群中的等级关系。破坏规矩是无法被原谅的，而惩罚往往是死亡（或被驱逐，这对于裸鼹形鼠来说几乎等同于死亡，因为它们无法独立生存）。那么，鼠群中都有哪些分工呢？

▶ **鼠后**：裸鼹形鼠的统治者通常是雌性，拥有绝对的权力。鼠后比鼠群中的其他成员都要肥大一些，但它并不是生下来就成为鼠后的。它原来也和所有的裸鼹形鼠站在同一条起跑线上，通过自己的努力才爬到了顶端。鼠后的工作就是享用最好的食物以及生育许多的宝宝。

▶ **鼠爸爸**：不是每一只雄性裸鼹形鼠都有机会成为鼠爸爸，鼠群中只有少数雄性能与鼠后交配。

▶ **保安鼠**：这些裸鼹形鼠的工作是保护鼠群。

▶ **工鼠**：工鼠包揽了群体中的大部分日常工作，包括挖掘可供所有成员居住的隧道、收集食物以及照看鼠后的宝宝。

温馨的家

在裸鼹形鼠的字典里，"个人空间"这个词语是不存在的。它们挤在巨大的地下洞穴中，里面有数不清的蜿蜒地道，并分隔出用于进食、睡觉、如厕等不同的空间。当裸鼹形鼠需要温暖时，它们会将地道挖得更靠近地表，以感受太阳的热度；当它们需要凉快时，就会将地道挖得更深。裸鼹形鼠小小的腿脚并不强壮，所以它们通常会用有力的牙齿挖掘隧道，腿脚只用于清理松散的尘土。狭窄的地道中连转身的空间也没有，幸运的是，裸鼹形鼠非常善于向后倒着跑。

珍贵的粪便

对于裸鼹形鼠来说，粪便不是废物，而是珍贵的食物。裸鼹形鼠食用的植物根部是难以消化的，所以它们会吞食自己的粪便，以便从未消化的植物根部中再次汲取营养。

裸鼹形鼠除了食用粪便外，它们还会在鼠群共用的厕所中来回打滚，使群体中所有成员散发出一致的味道，以辨别外来者。

被粪便洗脑的鼠保姆

虽然鼠群中生活着上百只裸鼹形鼠，但是只有鼠后才能生宝宝，其余的雌鼠会分泌出一种特殊的荷尔蒙，阻止自身怀孕。雌鼠只有生活在鼠后的统领下时，这种荷尔蒙才奏效。一旦离开了鼠群，它们的身体很快就可以恢复怀孕功能。鼠后每年都必须生育幼崽，才能维持权力，但它不用独自照顾宝宝。在幼崽出生的1个月后，工鼠便会前来帮忙。它们非常善于照看幼崽，背后的原因很古怪：鼠后的粪便中含有大量特殊的荷尔蒙，工鼠在食用鼠后的粪便后会表现得像一位母亲，对宝宝格外上心。

永葆青春

许多小型啮齿动物的寿命并不长，以老鼠举例，它们通常只能活1—2年。裸鼹形鼠却不一样，它们的寿命超过30年。对于裸鼹形鼠这种体型的啮齿动物来说，30年已经长得不可思议了。老年裸鼹形鼠的身体通常依然健康，而且它们对某些疾病有天生的抵抗力，比如癌症。

便便

呼吸没有那么重要

裸鼹形鼠地洞中的空气非常稀薄，因为洞穴中的裸鼹形鼠实在太多了，而且它们还生活在地下。如果你搬进裸鼹形鼠的地洞中居住，你会没命的，那个环境里没有足够的氧气让人类存活。而裸鼹形鼠能在地洞中茁壮成长，这是因为它们有一个特殊技能：当空气稀薄时，裸鼹形鼠可以停止呼吸，这可以长达18分钟。在呼吸停止时，它们会使用体内一种名为果糖的物质，继续为身体提供生存所需的能量。果糖是一种植物糖，燃烧果糖无须使用氧气。裸鼹形鼠是唯一一种能够利用果糖的哺乳动物。你的身体使用的是另一种糖，名为葡萄糖。葡萄糖能够产出更多的能量，但也会消耗更多的氧气。

柔弱？坚强？

裸鼹形鼠居住在炎热干燥的沙漠中，虽然环境严酷，但它们也能生活得很好。虽然裸鼹形鼠看上去很柔弱，但其实它们极为坚强。裸鼹形鼠对疼痛的感知与其他动物不同，实际上，它们几乎是没有痛感的。当裸鼹形鼠碰到滚烫的、辛辣的或者带有酸性的东西时，它们不会像你一样有不舒服的感觉。因此，裸鼹形鼠能够专注于更重要的事情，比如寻找食物。

挑剔的饲养员

裸鼹形鼠极少离开地洞前往危险的世界中探险，所以它们的食物选择较为有限。裸鼹形鼠会食用扎根在土壤中的某些植物的块茎、根茎和球茎。它们需要挖掘许久，才能找到合适的食物。裸鼹形鼠的身体构造非常适用于地底觅食。当它们用嘴部挖土时，嘴唇能在牙齿后方将嘴部密封起来，以防止泥土进入。工鼠们常常集体出动觅食，排着队一起挖掘隧道。一块合适的块茎足够裸鼹形鼠食用数月，有的时候甚至长达1年。有的植物块茎十分巨大，虽然茎部被食用着，但植物通常不会死去。相反，植物块茎会重新长出被吃掉的部分。

河马

河马的英文名是hippopotamus，来自古希腊语，意思是"河里的马"。河马的确热爱河流，它们每天会在水中待16小时。然而，它们和马没有任何关系。与河马有着亲缘关系的是另一群生活在水里的动物，它们被称为鲸类，包括鲸、鼠海豚和海豚。

城市里的河马？

世界上的许多地方都曾发现过史前的河马骨骼，包括亚洲、非洲、欧洲及地中海地区。甚至在伦敦的特拉法尔加广场下也曾挖出过史前河马的骨骼。

在哪里可以看见河马？

世界上仅余两种河马：**普通河马**和**倭河马**。河马生活在撒哈拉以南的东非地区。倭河马生活在极有限的西非森林地带。

在英文中，一群（河马）叫 a bloat。

能把汽车压扁

河马是世界上第二大的陆生动物（大象独占鳌头）。最大的河马从脚趾到肩膀的距离可超过1.5米，从鼻子到臀部的距离可以轻易地超过4米，相当于1辆小汽车的长度。最重的河马体重超过4000千克，比2辆汽车还要重。

领地恐惧

河马是群居动物，由一头雄性河马统领。一个群体中通常生活着20头河马，大多数成员为雌性及幼崽，还有几头占支配性地位的雄性河马。如果有一头外来的阿尔法雄性河马入侵了领地，群体首领及它的左膀右臂会露出巨大的牙齿，发出咕哝声和哼哼声，拍打水花，以展示凶猛的一面。它们不仅仅会冲群体外的同类发火，还会向包括人类在内的所有物种的入侵者发出警告，甚至发起攻击。所以，请小心避开野外的河马！

投掷粪便

河马会使用粪便标记领土。在英语中，河马的粪便也可用scat表示。当粪便被排泄出来时，河马会用尾巴大力地拍打粪便，使粪便远远地泼溅出去。拍打粪便的声音会沿着河流传播，以警示其他河马。

河马吃什么？

河马在守护领地时会变得十分暴躁，但是它们的饮食习惯并不凶残。河马喜欢吃草、植物的嫩芽和柔软的树叶，有时还会食用水果。白天的时候，虽然河马总是待在水里，但它们并不会食用水生植物。太阳落山后，河马会跋涉至内陆，沿途采食，饱餐一顿，再成群结队地回到水里。河马的胃口很大，一个晚上就能吃掉35千克的草，所以它们通常不得不在陆地行走长达10公里的距离，才能吃饱。当食物稀少时，河马可以将食物储存在胃部，从而存活3个星期之久。

鸸鹋

在英语中，一群（鸸鹋）可以用 a mob 表示。

鸸鹋不是普通的鸟类：它们的身体非常庞大且形状怪异，以至于瘦弱的翅膀根本无法将它们抬离地面；它们的腹中除了食物，还满满地装着许多其他东西；它们的叫声和你听到过的小鸟啾鸣声完全不同；它们还把父母的奉献精神提升到了一个全新的高度。

我是你爸爸

鸸鹋妈妈在下蛋后，很快就会离开。爸爸则会坐在巢穴上开始孵蛋，时刻保持着警惕，这需要长达8个星期的时间。在这段时间里，雄性鸸鹋不吃不喝，甚至不排泄。等到鸸鹋蛋孵化后，鸸鹋爸爸已经瘦弱不堪。破壳而出的鸸鹋宝宝身上长满了绒毛，带有棕色和奶油色的条纹，个头娇小，甚至可以窝在你的手心里。

好可爱！

在哪里可以看见鸸鹋？

鸸鹋只生活在澳大利亚。

那是什么声音？

鸸鹋经常会发出咕噜声，并以在受到威胁时发出的嘶嘶声而闻名。它们所发出的最令人震惊的声音是一种低沉而洪亮的隆隆声，与鼓声类似。鸸鹋的喉囊可以膨胀，当喉囊充气或者放气时，便会发出这种独特的声音。这种叫声十分响亮，你在2公里外也能听见。雌性鸸鹋更有可能发出这种雷鸣般的声音，尤其是在交配的季节，当它们需要保护领地或者争抢配偶时。

我和动物的小故事

如果看到远处有一只鸸鹋，你可以仰躺下来，假装在空中蹬自行车。鸸鹋会对这种奇怪的行为感到非常好奇，径直地朝你走过去，一探究竟。每次我在野外看到鸸鹋时都会这么做，非常奏效！相反，如果你希望鸸鹋走开，也有一个小技巧。你只需要站直身体，把手举到头顶并蜷曲着指向前方，摆出鸸鹋头部的样子就可以了。它们会受到惊吓，马上离开，因为你的样子就像是一只更高大的鸸鹋！

没有时间咀嚼

鸸鹋的胃酸很强大，几乎能够溶解它们吞食下的任何东西。鸸鹋主要以植物为食，喜欢吃种子和植物软嫩的部位。除了强大的胃酸，它们还有另外一个消化食物的技巧——吞石头。鸸鹋会吞咽大量的石头，这些石头会在胃中一个被称为砂囊的部位研磨食物。也就是说，鸸鹋能够大口地吞咽食物，然后让石头完成"咀嚼"的工作。

奔跑

沙漠与草原

鸸鹋通常不会与捕食者纠缠。虽然鸸鹋不会飞，但幸运的是，它们在地上跑得飞快。鸸鹋的速度和汽车相当，能达到每小时50公里。它们不会沿着可预测的直线奔跑，而是疯狂地以"之"字形曲折前进。

长颈鹿

长颈鹿是非常悠闲的动物，它们通常成群行动，喜欢吃树叶，偶尔还会打个盹儿。有的时候，它们也会做出奇怪的举动，比如挖鼻子、尝尿液。而对你来说非常简单的事情，像是喝东西或者擤鼻涕，对于长颈鹿来说则十分棘手。

在英语里，一群（长颈鹿）被称为a tower。

心真大

长颈鹿的心脏重量超过11千克。因为四肢和脖子的长度惊人，所以它们需要一颗超级大心脏，才能把血液输送到全身。

在哪里可以看见长颈鹿？

长颈鹿分布在非洲。

组建家庭

▶ 雄性长颈鹿如何确定雌性长颈鹿是否做好了组建家庭的准备呢？它们会饮用对方的尿液！通过嗅闻及品尝潜在伴侣的尿液，雄性长颈鹿就能知道雌性是否做好了生育的准备，甚至能知道雌性是否已经怀孕。

▶ 长颈鹿宝宝（在英语中可用calf表示）出生时的发育程度远超人类幼崽，就算从1.5米的高处扑通落下，也不会受伤。长颈鹿宝宝在出生的半小时内就能自由走动，10小时内就能奔跑着追上妈妈的步伐。用不了多久，它们就能以每小时高达56公里的速度疾速奔跑。

▶ 长颈鹿妈妈们会组团照顾孩子，就像是开办了一所长颈鹿幼儿园。如此一来，大部分家长就能出门觅食，留下少数家长照顾幼崽。

这是什么味道？

长颈鹿是超级臭的动物，但并不是因为它们不爱干净。人们认为，长颈鹿的臭味能够起到赶走昆虫和寄生虫的作用。

顶级舌头

长长的脖子和纤细的大长腿或许是长颈鹿最引人注目的两个部位。除此之外，它们身上还有一个部位的长度也令人称奇，那就是它们超过50厘米的黑紫色的舌头。这至少是你的舌头的5倍长，甚至还不止。长颈鹿需要超长的舌头才能够到高枝上的树叶。它们也会用这长长的舌头从鼻孔中把鼻涕舔出来。

恶心！

我和动物的小故事

世界上与长颈鹿最近的亲缘动物是**獾狐狓**（huò jiā pí），它们居住在非洲茂密的丛林中，直到1901年才被科学家发现。我在美国的一座动物园里曾经抚摸过獾狐狓。它们的脖子比长颈鹿的要短得多，但依然是体型非常显眼的庞大动物。它们的皮毛呈紫色和白色，毛发很短，但柔软得不可思议，就像丝绒一般。能够轻抚一只獾狐狓的感觉实在太美妙了！

那是什么歌？

当你问别人，长颈鹿的叫声是什么样子的，他们大概会停下来想一想。长颈鹿并不以吵闹著称，但这不意味着它们是一言不发的。当它们悲痛时，会发出哞哞的叫声；当它们受到惊吓时，会发出咕哝声和哼哼声；而且，它们晚上有很大一部分时间都在哼鸣。有人认为，长颈鹿的哼鸣声是一种与同类交流的方式。不过，科学家至今也不了解它们发出这种声音的目的。

气候变化

气候变化导致长颈鹿栖息地的流失，山洪暴发与干旱使得它们的食物消失，这让长颈鹿不得不迁移，以寻找可食用的树叶。有的时候，这导致了栖息地破碎化①：长颈鹿族群分崩离析，处境一次比一次更危险，繁衍变得越来越困难。同时，动物饮水水域的干涸也对长颈鹿造成了影响。

①栖息地破碎化指的是大面积的生物栖息地被分割为小面积的、不连续的栖息地的过程。——译者注

长颈鹿吃什么？

长颈鹿几点睡觉？

在长颈鹿看来，有一晚踏实的睡眠并不是头等要事。它们每天晚上躺下来深度睡眠的时间大约只有10分钟，白天还会零散地分布着几个5分钟的小睡时间。小睡的时候，长颈鹿甚至都懒得躺下来。对于如此瘦长的动物来说，躺下再站起需要耗费许多精力，所以长颈鹿都是站着打盹儿的。而且，它们连眼睛也是睁开的！

沙漠与草原 ●

会舔舐动物尸骸，这就相当于我们服用维生素片。长颈鹿通过轻咬舔舐动物的骨骼，来吸收大量的钙质、磷元素以及其他矿物质。

▶ 长颈鹿的身体构造或许完美适用于采食树梢上的树叶，但对于喝水毫无帮助。当长颈鹿来到水池旁时，必须十分确定周围没有捕食者，因为当它们摆出了喝水的姿势后，是很难立刻恢复正常姿势的。它们会尽可能地把长腿张开，弯下脖子，这样才能喝到水。幸运的是，长颈鹿每周只需要喝一两次水就够了，它们会从多汁的树叶中汲取大部分的水分。

▶ 长颈鹿一天中的大部分时间都在吃叶子，每天最多能吃掉60千克。你的进食过程仅包括咀嚼和吞咽两个步骤。而长颈鹿和你不一样，它们在咀嚼及吞咽后，会把食物呕出来，再次咀嚼，如此往复，直到食物变成浓稠的胶状物。这个过程被称为反刍。

▶ 有的时候，长颈鹿

好长长长……的腿

长颈鹿的超级大长腿可达2米，如果你的父母站在长颈鹿的身边，他们可能还不及它的肚子。雄性长颈鹿的身高可达6米，雌性通常不到5米。长颈鹿的体重可达1900千克，比一辆汽车还重。

狮子

从某些方面来说，狮子被称为"丛林之王"的原因是显而易见的（虽然它们更喜欢生活在草原，而不是丛林）。大部分公狮子都拥有一头引人注目的鬃毛，就像是一顶皇冠。然而，可别因为母狮子没有鬃毛而小瞧了它们。虽然母狮子不是丛林之王，但它们绝对称得上是"捕猎女王"。**亚洲狮**和**非洲狮**生活的地理位置并不相近，但它们有着亲缘关系，并不是完全不同的两个种类。

体型大，但速度快

狮子的奔跑速度极快，可达到每小时80公里，轻易便能赶上汽车的速度。狮子也是极为敏捷的动物，它们的身体强壮有力，肌肉发达，能够腾跃至11米的高空。

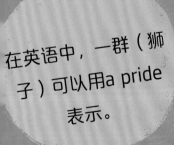

在英语中，一群（狮子）可以用a pride表示。

谁来捕猎?

▶ 公狮是狮群的保护者,母狮则负责捕猎。

▶ 母狮热衷于挑战,喜欢追捕体型比自己大得多的动物,有时还会觊觎速度比自己快的猎物。雌性**非洲狮**的猎物包括斑马、羚羊和角马。雌性**亚洲狮**的食物则囊括了水鹿、水牛等大型动物。

▶ 想要提高捕猎的成功率,团队合作是必要的。这也是为什么母狮往往会成群地进行捕猎。但有的时候,母狮也会独自狩猎,这通常是因为可口的食物直接从眼前走过,致使它们无法抑制攻击的冲动。

▶ 母狮依靠耐力追捕敏捷的猎物。猎物一旦跑得筋疲力尽,母狮们便会将其团团围住,扑倒在地。

▶ 雌性**非洲狮**更喜欢在傍晚狩猎。当月亮还没有完全升起时,较低的能见度对它们来说是非常有利的。母狮会悄悄地靠近猎物并发起

突袭,让猎物毫无逃脱的机会。

▶ 母狮的第一次狩猎通常在1岁左右。它们会跟在年长的亲戚身后,向成功的捕猎者学习捕猎技巧。

▶ 狮群中,不是所有的狮子都能同时开饭的。最有权力的狮子可以优先进食,并且能吃到最好的食物。而幼狮只能等到最后,吃一些残羹剩菜。

团伙齐聚

猫往往是非常独立的动物,而狮子不一样,它们工作和生活在紧密团结的组织中。

▶ 在**非洲狮**的狮群里,母狮子的数量往往是公狮子的4倍,大约有12头母狮,3头公狮。母狮宝宝通常会一直生活在同一个狮群中,但若公狮宝宝这么做,会惹祸上身。狮群中的成年公狮会将它们看作威胁,还会攻击它们。一旦公狮宝宝到达一定的年龄,它们就会离开,并尝试占领其他的狮群。

▶ 雄性和雌性**亚洲狮**几乎一辈子都生活在两个不同的狮群里,只有在交配的时候才会走到一起。

我和动物的小故事

我曾经有一个学生，他在博茨瓦纳研究当地出现的第一例屋顶鼠案例，想要找出这种老鼠来到博茨瓦纳生活的原因。有一天晚上，他到垃圾堆想抓几只屋顶鼠用作研究。他埋头寻找着，身上只带了一个小手电和一把折刀。当他抬起头时，却发现一头母狮子正直勾勾地盯着他。狮子离他只有10米远，他知道如果这个时候拔腿逃跑，那他就死定了。幸运的是，我的学生记得在50米外，有一间小屋子。如果他能够进到屋子里，那就安全了。他慢慢地向后退去，同时用手电筒和折刀指着母狮。当他靠近小屋后，转身就跑，结果却发现这间屋子的一侧完全敞开，竟然没有门！他开始大喊大叫，但是没有人能听见他的声音。当时他是与几个朋友一起去做研究的，可是朋友们都在100米外的营地中，运作中的发电机湮没了他的求救声。几小时后，朋友们开始互相询问："克里斯去哪里了？他怎么还没有回来？"于是，他们外出寻找我的学生，最后发现他瑟瑟发抖地蜷缩在小屋中，屋子外围留有一圈狮子的脚印。原来，母狮一直在围着小屋绕圈，直到朋友们驾驶的汽车靠近时才离开。

大号装

非洲狮身长近2米，如果算上尾巴，可达3米。这意味着它们的身长是你的床的1.5倍。它们的体重可达190千克，或许比你和两个成年人加在一起还要重。**亚洲狮**的体型更庞大，它们的体重超过220千克，从头部到臀部的长度达2.8米。

保持干净

狮子喜欢为彼此梳理毛发，舔舐彼此的头部，互相磨蹭颈部。它们这么做是有实际意义的，因为舔不到自己的头呀（你可以试试），而且这似乎也是一个建立感情、表达爱意的动作。

谁的幼崽?

▶ 虽然狮子在全年任何时候都能繁殖,但生活在同一狮群中的母狮通常会在相同的时间生育,并共同分担养育幼狮的工作。母狮一般会同时照看一大群幼崽,这就像是一所狮子幼儿园。除了亲生妈妈的乳汁外,狮子宝宝们也会饮用狮群中其他妈妈的乳汁。

可爱!

▶ 在英语里,狮子宝宝通常被称为cub,但也可以用lionet表示。

▶ 如果一头公狮闪亮出场,想要掌管狮群,它通常会杀死狮群中的所有幼崽,这真是极其残暴!而母狮们是不会轻易让这种事情发生的,它们往往会联手反击,英勇地保护自己的孩子。

▶ 狮子幼崽玩性极大,狮子妈妈有的时候也会加入游戏中,而爸爸们通常会很不耐烦,并把它们赶走。

在哪里可以看见狮子?

非洲狮生活在博茨瓦纳、南非、肯尼亚和坦桑尼亚。大部分非洲狮被聚集在坦桑尼亚的塞伦盖蒂国家公园,以防被偷盗者捕杀。

世界上生活着**亚洲狮**的最后一处地方是印度的吉尔森林。这里是野生动物保护区,受保护的狮子在这里能够过上平静的生活。

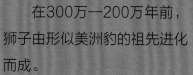

历史上的狮子

在300万—200万年前,狮子由形似美洲豹的祖先进化而成。

▶ 一些世界上最古老的艺术作品记录了狮子的图像。有着32000年历史的法国洞穴壁画展现了狮子与现已灭绝的动物(比如猛犸和披毛犀)生活在一起的画面。

▶ 除了澳大利亚、南美洲和南极洲,狮子曾经也遍布其他大洲。他们在英国、法国乃至美国洛杉矶称王称霸。不过现在它们的领地已经缩小了许多。

▶ **洞狮**灭绝于14000年前,它们比现今的狮子体型更大,但是没有鬃毛。部分洞狮身上带有模糊的条纹。

▶ **美洲拟狮**灭绝于11000年前,它们是世界上出现过的体型最大的狮子。雄性美洲拟狮的体重有时能超过500千克。

走鹃

走鹃是演变为陆生动物的杜鹃科鸟类，也就是说，它们基本上都待在地面。走鹃的学名是*Geococcyx*，在古拉丁语中的意思是"地上的杜鹃"。虽然它们不会飞，但这并不阻碍它们四处走动。你或许看过急速掠过沙漠、身后翻起滚滚尘土的卡通形象，这和现实中的走鹃有几分相似之处。例如，走鹃确实生活在沙漠中，而且它们的速度极快。世界上有两种走鹃：**大走鹃**和**小走鹃**。大走鹃体型更大，喙部更长，除此之外，其他部位都挺娇小的。

走鹃通常两两行动，而不会成群出动。然而，当一群走鹃聚在一起时，英语中可以用a marathon或者a race表示。

在哪里可以看见走鹃？

大走鹃生活在墨西哥及美国的西南部。**小走鹃**生活在墨西哥及中美洲。

欢迎回家！

真 ❤ 爱

走鹃的伴侣维系终生。部分走鹃夫妇全年都腻在一起，也有的走鹃夫妇在大多数时间里各忙各的事情，只有在交配的时节才会见面并繁殖后代。当走鹃夫妇重聚时，它们会以特殊的叫声和舞蹈表达兴奋之情。雄性走鹃会上演一出求爱秀——在伴侣面前先昂首挺胸地走两步，然后低头鞠躬，最后将翅膀和尾巴呈扇形展开。在交配之前，雄性走鹃通常会向雌性献上一只死老鼠或者其他可怕的礼物。雌性走鹃不但不觉得恶心，反而会非常高兴。

天生疾跑者

要想跑得快，身体必须轻盈。就算是较重的走鹃，也只有一个足球重量的一半。**小走鹃**的体长约为45厘米，**大走鹃**要稍长一些，平均为55厘米。

沐浴阳光

走鹃在冬天不会迁徙，所以它们不得不想出几个诀窍来挨过寒冬时节。在冬天的夜晚，走鹃会降低体温，身体一动不动，以保存能量。当太阳升起后，它们会迅速展开羽毛，将背部小块的裸露皮肤曝露在阳光下，尽可能多地吸收热量。

养育幼鸟需要团队合作

走鹃夫妇会一起抚育幼鸟，这在杜鹃科的其他鸟类中是罕见的。

▶ 长有小树丛的干燥沙漠是走鹃的自然栖息地之一，它们会在沙漠里的仙人掌和灌木丛中搭建鸟巢。走鹃爸爸负责外出寻找筑巢材料，妈妈则负责筑巢。走鹃妈妈能够巧妙地将树枝、树叶、蛇皮和动物粪便等材料编织成大而平整的鸟巢。鸟巢的宽度可达40厘米，厚度达20厘米。

▶ 有的时候，走鹃会抛弃仅用了一次的鸟巢，第二年再搭建一个全新的。有的时候，它们也会翻新原有的鸟巢，修整破旧之处，加入新的材料，让窝巢焕然一新，迎接下一批走鹃蛋。

▶ 走鹃妈妈在交配的20天后便能产下2—6颗光滑雪白的鸟蛋。白天，妈妈负责为鸟蛋保暖；到了晚上，爸爸就会接班，让伴侣休息。走鹃父母会轮流工作，直到鸟蛋孵化。为了照顾新生的幼鸟，它们还会继续轮班工作3个星期左右的时间。

▶ 走鹃的幼鸟和人类的幼崽完全不一样，在孵化的3周后，它们就已经做好学习奔跑、捕猎和飞翔的准备了，即使它们的飞行技术很一般。

罕见的邻居

走鹃通常生活在隐蔽的沙漠地带，但是这种大胆的鸟类越来越多地出现在挤满了人类的城郊地区。如果你和走鹃生活在同一个地方，草坪上或者花园里或许会突然冒出一只走鹃鸟。

飞奔

走鹃的奔跑速度可达每小时40公里，和人类的速度纪录相差不远。人类的奔跑速度最快可达每小时44.72公里，这是尤塞恩·博尔特[1]在2009年创下的纪录。走鹃的长尾巴可以用来刹车及保持平衡，它们通过倾斜尾巴或者小翅膀来快速地改变方向。这个技巧在逃脱郊狼[2]等捕食者时非常实用。

①尤塞恩·博尔特是牙买加运动员，是男子100米跑和200米跑的世界纪录保持者。——编者注
②郊狼是犬科犬属的一种，属于灰狼的近亲。——编者注

捕食

▶ 你很少见到挑食的走鹃，一般来说，只要是能抓住的猎物，它们都会吃掉。走鹃的食物包括蛙类、蛇类、蜥蜴、蜈蚣、蝎子、毛毛虫、甲虫、蟋蟀，甚至还会食用其他鸟类的鸟蛋及幼鸟。走鹃是少数几种速度能与响尾蛇一较高下的捕食者之一。

▶ 走鹃会用喙部咬住体型更大的猎物，将它们撞向石头或者坚硬物的表面。这会让猎物骨骼碎裂，无力反抗，成为这种可怕鸟类的盘中餐。

▶ 走鹃也会啃食植物的种子与果实，比如漆树果和仙人掌果，尤其在冬天，当它们喜欢吃的猎物难以寻到时。

X标记

走鹃是对趾足鸟，也就是说，它们两个脚趾朝向前，两个脚趾朝向后，形成了超酷的X型脚型。

口渴的走鹃喝什么？

走鹃很少喝水，它们通过大口豪饮猎物的血液来汲取水分。血液和水一样湿润，但含盐量过高，不如水般清爽。幸运的是，走鹃的眼眶中长有特殊的腺体，可以排出多余的盐分。

我和动物的小故事

有一次，我前往美国亚利桑那州拜访一家研究机构。我对生活在当地的走鹃感到非常好奇。在外出散步时，我看到了一只嘴里叼着蛇的走鹃，我很是兴奋，朝它小跑了过去。它十分紧张，扔下蛇，匆匆跑走了。虽然我很失望，但依然走了过去，想看看被走鹃抛弃了的美食。结果却发现那条蛇是一种极为罕见的种类，机构中的工作人员也从来没有见过！我竟然在无意间发现了一个罕见的标本，大家都喜出望外。

骆驼

不论长着一个驼峰，还是两个驼峰，骆驼都是长相奇妙的动物。骆驼的驼峰是一望无垠的沙漠中的漂亮曲线，随着它们异常曼妙的步伐上下颠簸着。然而，骆驼并不是随时保持着优雅状态的。实际上，它们从嘴里吐出东西的动作就根本谈不上优雅。

在哪里可以看见骆驼？

单峰驼生活在北非和中东，**双峰驼**生活在东亚中部的岩石沙漠中，**野生双峰驼**（野骆驼）分布在中国北方和蒙古南部。在澳大利亚的沙漠里还生活着许多野化骆驼。

全气候动物

骆驼可以在你会感到极度不适的各种艰苦环境中生存。它们可以忍耐的温度范围低至-30℃，高至50℃。

在英语中，一群（骆驼）有的时候可以用 a caravan 表示。

野性十足！

最常见的两种骆驼——**单峰驼**与**双峰驼**，都不是野生动物。这两种骆驼在数千年前便已被人类驯化。虽然野外中生活着许多单峰驼和双峰驼，但它们都是家养动物的后代。世界上唯——种真正的野生骆驼是生活在中国北方和蒙古南部的**野生双峰驼**。它们极度濒危，仅余千头左右。

滚开！

当骆驼受到威胁时，它们会朝危险来源——有时甚至包括人类，吐口水。骆驼吐出的东西有点儿像口水与呕吐物的混合物，非常黏稠。

终极便当

骆驼周游各地时，就像背了一只便当饭盒。对于**双峰驼**来说，它们则是背了两只便当。

▶ 骆驼背上耸立的驼峰不仅能起到装饰的作用，里面还充满了脂肪。骆驼进食后，所有多余的脂肪都会储存在驼峰中。骆驼可以分解其中的脂肪进行新陈代谢，每分解1克脂肪，就能得到多于1克的水分。

▶ 当食物稀少时，骆驼可以依靠储存于驼峰中的脂肪生活7个月。

▶ 骆驼几乎不出汗，即使在50℃的沙漠中长途跋涉。这意味着比起其他爱出汗的大型动物，比如马，骆驼可以行走更长的距离而无须喝水。

▶ **单峰驼**的红细胞形状很特别。你的红细胞是圆形的，而它们的则是椭圆形的。即便在极度缺水的情况下，椭圆形的红细胞依然可以保持血液的流通。

▶ 只要周围有多汁的草本植物可以食用，骆驼就可以不用喝水。植物中的水分足以维持骆驼的生命。

▶ 当骆驼找到了一处水源时，它们就会变身为超级补水站，在13分钟内最多能喝下113升水。它们补充水分的速度比所有的哺乳动物都要快。

▶ 若骆驼超过7个月没有进食，它们的驼峰会开始变得松垮。当驼峰内的脂肪完全消耗后，驼峰甚至会耷拉在骆驼体侧。然而，只要脂肪再次堆积，驼峰便会重新高耸于骆驼的背上。

225

细尾獴

在英语中,一群(**细尾獴**)可以用a mob 或者a gang表示。

细尾獴是毛茸茸的小动物,超级可爱,长着大大的眼睛。它们小小的爪子在直立时会放在肚子前面。虽然细尾獴体型娇小,看上去很是可人,但其实它们极其坚韧。你无须为细尾獴担心任何事情,反而很多动物都担心着被细尾獴猎食,甚至连危险的捕食者,比如蛇与蝎子,也会被可怕的细尾獴消灭。

在哪里可以看见细尾獴?

细尾獴生活在非洲的沙漠和草原。

细尾獴有多大？

最重的细尾獴只有1千克，比吉娃娃还要轻。最大的细尾獴体长约为30厘米。当它们直立弹跳着巡查领地，或舒展身体，让腹部的皮肤能够沐浴阳光时，身体还能再长一点点。

保持戒备

细尾獴成群狩猎，其中会有少数几只负责放哨，侦察危险。哨兵细尾獴会轮流站岗，每次大约1小时。当哨兵发出吱吱声时，代表危机解除。如果哨兵发出了尖啸声或是吠叫声，那么捕猎的细尾獴就知道它们要有麻烦了，需要找到最近的地底坑道躲一躲，或者用一些其他方法避免被捕食者察觉。有的捕食者埋伏在地面，有的捕食者从空中发起突袭，哨兵细尾獴会用不一样的警告声作区分。它们还有一系列不同的声音，用于告知猎手细尾獴危险的严重程度。如此一来，猎手细尾獴就能决定是逃跑并躲起来，或是按兵不动继续埋伏，还是紧紧地围成一团，一起吓跑敌人。

自带眼镜

细尾獴可爱的大眼睛周围有一圈黑色的印记。这个印记的功能很实用，可以降低太阳光芒的刺眼程度，让细尾獴能够随时观察周围的环境。细尾獴的视力非常棒，能够看清300米外移动的物体。

气候变化

许多细尾獴居住在卡拉哈里沙漠，气候变化导致沙漠的温度日渐升高，气候越来越干燥。在干燥的栖息地中，细尾獴的觅食、成长及繁衍都变得更为困难。

沙漠与草原 ·

227

人多势众

一只细尾獴造成的伤害有限，但一群嘶嘶作响的细尾獴则是非常危险的。如果细尾獴成群出动对付一条蛇，它们能够把蛇吓跑，甚至将其杀死。

细尾獴是群居动物，一个群体中最多能生活50只细尾獴。

至高统治者

▶ 细尾獴群体之间也存在着差异，就像你家和你邻居一家或许会有些许

不同。有的细尾獴群体更为友爱，打闹更少；而有的群体则更具有竞争性，也更好斗。

▶ 所有的细尾獴群体都有一个共同的特点，那就是森严的等级制度。少数几只幸运的细尾獴能够享受各种特殊待遇，而剩下的细尾獴则被迫成为辛勤劳动的底层成员（通常连饭也吃不饱）。不过，向制度发起挑战的代价是高昂的，尝试改变体制的细尾獴最终将面临与统治者决一死战的局面。

▶ 细尾獴统治者通常会杀掉地位低下的细尾獴的宝宝。更残忍的是，统治者还会将这些父母驱逐出群，或者强迫失去孩子的父母照看自己的宝宝，反正它们的宝宝已经死去了。

▶ 细尾獴群体或许很残酷，但也有好的一面。细尾獴凭借着合作度极高的群体能力在这个世界上生存了下来，毕竟有不少捕食者都认为毛茸茸的小细尾獴是完美的零食。

再挤一挤

细尾獴生活在由许多小房间组成的地下洞穴中，房间之间由隧道连接。细尾獴在睡觉的时候会舒服地堆叠在一起，因为沙漠的晚上很冷。细尾獴不仅与同类分享住处，它们的地洞中还住着其他动物，比如**南非地松鼠**和**细尾獴**的近亲——**笔尾獴**。

可怕的零食

细尾獴的食物包括昆虫、蜥蜴和动物蛋，有的时候还会包括小型鸟类，以及一些可怕的动物，比如蜘蛛、蛇和蝎子。它们有种巧妙的方法，能够安全地食用毒蝎子。

▶ 首先，它们会咬下并吐出蝎子的尾巴，以去除毒刺。然后再把蝎子放在沙子里来回摩擦，把毒液从蝎子坚硬的外壳中，也就是被称为外骨骼的部位，清除出来。经过这样

的处理后，细尾獴就把一种致命的动物变成了营养丰富的零食。

▶ 细尾獴也会训练幼崽食用毒蝎子，共有四个阶段。第一阶段，用死蝎子向幼崽展示如何去除毒素；第二阶段，给幼崽一只已经去除了危险的毒刺的活蝎子；第三阶段，使用受伤但未去除毒刺的活蝎子测试幼崽，让它们自行杀掉蝎子并清理毒素；第四阶段，让幼崽用新学会的技巧练手，自行取食完全健康的蝎子。

组建家庭

▶ 在部分细尾獴群体中，首领是唯一能够生孩子的成员。

▶ 群组的所有成员通常都会参与抚养幼崽的工作，包括妈妈、爸爸和兄弟姐妹。

▶ 细尾獴妈妈不一定会亲自给宝宝喂奶，这个工作通常交由一位保姆来完成，也就是群组中地位较低的成员。

▶ 细尾獴宝宝出生时的耳朵是蜷缩着的，眼睛是紧闭着的，在出生大约2个星期后才会张开。眼耳舒张的几天之后，细尾獴宝宝就被允许走出地洞，第一次看到外面的世界。

▶ 有的时候，地位低下的细尾獴会杀害首领（或者其他高等级的细尾獴）的宝宝，试图攀上更高的社会阶层。

蜣螂

世界上生存着数千种蜣螂，它们的体型大小各不相同，但是都有一个相同的爱好，那就是粪便。没有蜣螂不爱粪便。它们不但在粪便里出生，也在粪便里打滚、睡觉、跳舞、挖洞，甚至把粪便当作食物。乍一听似乎有点儿恶心，但其实蜣螂能用粪便完成很酷的事情。

气候变化

这种不可思议的昆虫通过将富含碳元素的粪便埋在土里，以减少温室气体的排放。

在哪里可以看见蜣螂？

蜣螂生活在世界的各个大洲，除了南极洲。

蜣螂有多大？

世界上最大的蜣螂或许能占据你的大部分的手掌，它们以大象粪便为食。最小的蜣螂只有几毫米。

谁的粪便？

▶ 蜣螂通常更喜欢食用食草动物的粪便，但也有部分种类的蜣螂偏好食肉动物的粪便。还有11种美洲蜣螂最喜欢吃的是人类的粪便。

▶ 有一种澳大利亚蜣螂（**小嗡蜣螂**）喜欢食用袋熊的粪便。它们会附着在袋熊肛门附近的毛发中，等待粪便排出。袋熊排泄后，它们便会落到地上，扑向新鲜的排泄物。好美味！其他蜣螂也会做出同样的事情，只不过它们是挂在树懒或者猴子的肛门周围。

蜣螂有用吗？

当蜣螂四处挪动粪便时，它们其实完成了一项至关重要的工作。蜣螂挖掘土壤，将收集的粪便埋在土里，如此一来，它们便让空气进入了土壤，使土壤更为健康；同时，它们也将富含营养的粪便分散到了土地里，而不是留在地面变硬。混合了粪便的土壤是非常肥沃的，能够让植物茁壮成长，这也是园丁经常为植物施肥的原因。而留在地面的粪便则没有那么有用了，不但会招引苍蝇和其他寄生虫，而且落在植物上时，还会阻碍植物接触阳光和空气。

谁是谁？

蜣螂有4种主要类型，你可以观察它们在遇到粪便时的行为来区分它们。

地道型蜣螂（Paracoprids）会在粪堆里挖掘坑道，一直挖掘至粪堆下方的土壤中。它们每次前往地下时，都会带上一些粪便，然后在地下一边闲逛，一边享用收集来的粪便零食（还会在粪便里产卵）。

粪居型蜣螂（Endocoprids）在粪堆中生活、进食并产卵。

推粪型蜣螂（Telecoprids）不会长时间待在粪堆中。这种蜣螂会取下一大块粪便并滚成一颗大粪球，然后把粪球推到安静且安全的地方。它们在滚粪球时，通常是脸部朝向后方，使用后腿推动粪球。

盗粪型蜣螂（Kleptocoprids）的体型迷你，喜欢鬼鬼祟祟地偷盗推粪型蜣螂已经滚好的粪球。

没礼貌！

固执的占星师

蜣螂在推粪球时，喜欢直线行走。即使遇到障碍物，它们也不会绕路，而是选择翻过去。有的蜣螂会借助日光、月光或者星光来让自己保持直线运动。它们会时不时地爬上粪球顶端，手舞足蹈，看起来像是在跳舞。其实它们是在仔细地观察天空，看看接下来该往哪个方向走。

谁吃了恐龙粪便？

人们在8000万—7000万年前的恐龙粪便化石中，发现了蜣螂挖掘的坑道。

为什么是粪便？

在所有的食物里，选择粪便似乎是一个奇怪的行为。食物的有益部分被动物吸收后，剩下的部分就是粪便。那为什么粪便对蜣螂来说依然是可以利用的呢？其实许多动物在消化食物时，并不能吸收其中的所有营养，尤其当它们吃下的是难以分解的食物的时候。因此，动物的粪便中依然留有许多养分。

我和动物的小故事

在几年前，一种善于清理肉食动物粪便的迷你蜣螂被澳大利亚引进。它们被放入了悉尼市，用于清理街上的狗狗粪便。当蜣螂开工后，效果令人吃惊。人们在街上行走时，会突然看到一坨移动的狗狗粪便。我第一次看到的时候，心里想道："是我的眼睛出问题了吗？那坨狗粪怎么会动？"但我并没有看错！粪便后面还有一只小蜣螂，它正努力地将粪便滚到有泥土的地方，以便埋进地里。这个项目最终没有成功，我想应该是澳大利亚的气候并不适合蜣螂生存吧。不过在那段时间里，我们倒是得以观赏了一阵悉尼的街景奇观——移动粪便。

生于粪便

► 一只雄性**推粪型蜣螂**会赠予雌性蜣螂一颗大粪球，以表达爱慕之情。如果雌性蜣螂对对方也感兴趣，它通常会爬到粪球的顶端。然后雄性蜣螂就会推着粪球，将雌性推到一处适合组建家庭的土地上。

► 在交配前，**地道型蜣螂**会先把地洞挖好。雌性蜣螂通常负责挖掘的工作，而它的未来伴侣则负责站岗守护，赶走其他想要进入地道的雄性蜣螂。

► 部分种类的蜣螂会在粪球中产卵，这种粪球被称为孵化球。产卵结束后，蜣螂会用自己的唾液及粪便将孵化球密封起来。新生的蜣螂幼虫会从粪球中"吃出一条生路"，这就像是你出生在一大碗你最喜欢的食物中。

> 粪便与蜣螂生活的方方面面都有着关联，包括寻找伴侣和组建家庭。

捕猎

有的蜣螂，比如学名为 *Deltochilum valgum* 的一种蜣螂，会捕食活的猎物。它们在食用蜈蚣时，会先抓住蜈蚣，把蜈蚣的头咬下来，然后再饱餐一顿。

你能推动多少粪便？

蜣螂是世界上最强壮的甲虫。如果按体重比例来看，蜣螂比世界上所有动物的力气都要大，包括你在内。蜣螂比马、大象和犀牛都要有力，虽然这听起来不可思议，但千真万确。**公牛嗡蜣螂**是一种角蜣螂，它能够推动重量是自身体重1100倍的粪便。世界上没有任何其他生物能够推动比自己重那么多的东西。

响尾蛇

对蛇类有恐惧情绪是很正常的，但比起恐惧，你会更加惊叹于响尾蛇的特点。虽然它们会发出令人不安的咔嗒咔嗒的声音，反应速度极快，长有尖锐的獠牙，还带有大量的毒液，但它们对你是没有恶意的。响尾蛇吃不下你，所以它们对咬你没有任何兴趣，除非它们认为你是个威胁。响尾蛇是一种特殊的毒蛇，外貌很是美丽，长有五彩斑斓的菱斑鳞片和醒目的几何图案。

在英语中，一群（响尾蛇）被称为a bed或者a knot。

在哪里可以看见响尾蛇？

响尾蛇生活在北美洲与南美洲。美国亚利桑那州的响尾蛇种类最为丰富。

蛇围巾

最大的响尾蛇是**东部菱斑响尾蛇**，体重可超过4.5千克，身长近2.5米。如果你把它扛在肩上，它的头部和尾巴或许都能碰到地面。

蛇会下蛋吗？

虽然响尾蛇宝宝在蛇蛋中长大，但响尾蛇并不会像母鸡一样下蛋及孵蛋。蛇蛋会一直存放在母蛇的体内，直到小蛇宝宝孵化。蛇宝宝出生时裹有一层薄膜，它们需要穿透薄膜，才能呼吸新鲜空气。

警告信号

响尾蛇毒液的毒性很强，但它们需要确保自己拥有足量能杀死猎物的毒液。当响尾蛇受到威胁时，首先会尝试对入侵者发出警告，让它离开。如果不奏效，它们才会选择对敌人下嘴。

▶ 发出嘶嘶声是蛇类惯用的警告方式，但不要用嘶嘶声回应它们。蛇类在空气中是听不见声音的，它们只能通过感知土地里的震动来"听声音"。当你路过蛇类的领地时，如果你想告知它们你的存在，请用力跺脚吧。这可以提醒蛇类你就在附近，让它们能够提前溜走，以免你靠得太近对它们造成惊吓。

▶ 响尾蛇的尾巴上长着几块松散的片状物，由角蛋白组成，和你的头发、指甲是一种物质，不过响尾蛇的片状物看上去更像是堆叠在一起的人类脊椎骨。当响尾蛇爬行时，片状物会相互撞击，发出清亮而刺耳的咔嗒咔嗒的声音，或者像是一群愤怒的蜜蜂在嗡嗡叫的声音。有些种类的响尾蛇可以在一秒内发出50次以上的咔嗒声。

超大号餐食

响尾蛇的食物包括老鼠、鸟类、松鼠、蜥蜴，甚至其他蛇类。它们有许多巧妙的捕猎方法：

▶ 响尾蛇会使用灵敏的舌头品尝身边空气的味道，以探测附近猎物的踪迹。

▶ 响尾蛇能够轻而易举地在黑暗中狩猎，它们眼睛下方的特殊凹坑对热度极为敏感，能够追踪猎物温热的躯体。

▶ 响尾蛇通常会直接追捕猎物，但也会进行埋伏。它们会趴着静待毫无戒备的动物靠近，然后发起突袭。有的时候，响尾蛇还会在保持身体静止的情况下轻轻地扭动尾巴尖部，用作诱饵。

▶ 许多种类的响尾蛇会生吞猎物，它们一般会先用毒液麻痹猎物，这样在吞咽的时候，猎物就不会扭来扭去了。

▶ 将整只动物吞下肚子并不轻松，响尾蛇通常需要花好几天的时间才能分解体内的食物。在完全成年后，它们一般几个星期才进食一次。

致命一咬

▶ 响尾蛇锐利的尖牙是中空的，可以将毒液注入猎物体内。铰链式的尖牙可以在嘴巴内外自由伸缩，就如门的开合一般。

▶ 当响尾蛇准备发动攻击时，它们会仰起头，身体蜷缩成弹簧状，从而利用全身的力量，这样看上去更高、更吓人。

▶ 死了的响尾蛇仍然是危险的，因为它们咬东西的本能不会在短时间内消失。即使死了数小时，响尾蛇依旧能将毒液注入靠近它们尸身的动物体内，就算头身分离，它们也能做到。

▶ 响尾蛇的毒液会腐蚀人体的某些部位，比如肌肉和皮肤，还会让血液难以凝固，导致内出血。被响尾蛇咬伤是非常痛苦的，需要接受医生的治疗。然而响尾蛇的毒液对于人类来说鲜少致命。

我和动物的小故事

有一次，我在巴布亚新几内亚做研究时，遇到了一条无比硕大的巨蛇。当时我正准备登上一架小型飞机，前往岛屿的另外一个地方，几个当地人抬着一个巨大的箱子来到了我的面前。我从箱子的铁丝网盖中看到了我这辈子见过的最大的蛇！那是一条**柏氏树蟒**，一种极为罕见的居住在山中的蟒蛇。它极为愤怒，甚至一度撞击着箱盖，把它的尖牙从铁丝网中伸了出来。我想要把它带走，这样我就能好好地研究它了。但无奈箱子太大，无法装入小飞机。如果我想要带走这条3米长的凶狠大蛇的话，我就得把它塞进麻袋中。这一点儿也不简单！当我把大蛇拎起来时，它激烈地扭动着，肥大的身子紧紧地缠绕在我的身上，把我的手脚都束缚住了。我以为我就要死在那里了，还好我的朋友肯恩帮着我一起把蛇塞进了麻袋中。飞机的飞行员发现扭动的麻袋里居然是一条大蟒蛇后，非常无语。不过他最后还是允许我们带着蛇一起登上了飞机，条件是肯恩全程把麻袋放在他的膝盖上！

摔跤狂

雄性响尾蛇会千方百计地、不远万里地寻找合适的伴侣。它们还会通过摔跤的方式与同性竞争。你或许会好奇，一个没有胳膊也没有腿的生物是怎么进行摔跤的。但响尾蛇可是摔跤大师！它们灵活的身体会紧紧地裹缠在一起，不断扭动，直到弱势的一方被打败，羞耻地溜走。

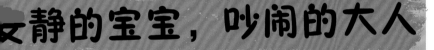

文静的宝宝，吵闹的大人

随着响尾蛇的成长，它们的皮肤变得越来越紧。就像你在发育时期身高猛增后，需要买新的衣服一样，响尾蛇也会抖落旧皮肤，长出新皮肤。它们每蜕去一层皮肤，尾巴就会长出一块新的咔嗒板。这就是为什么年幼的响尾蛇无法发出年长的亲戚们所发出的声音，因为它们还没有蜕皮，所以也就还未长出合适的发声板。然而，幼蛇的尾部倒是长有一个被称作纽扣的小瘤块。

巨蜥

巨蜥有许多不同的种类，你或许以为自己从来没有听说过这种动物，但很有可能你对其中几种已经很熟悉了。它们通常有其他名称，比如**澳洲巨蜥**，以及俗称科莫多龙的**科莫多巨蜥**。这种无比聪明的冷血蜥蜴有着许多非凡的特性，它们不但能奔跑、挖土、游泳和爬树，而且还能完成得极为出色！再加上它们拥有巨大的胃口与充足的有毒唾液，这些特性让巨蜥成为值得观测的动物。

在哪里可以看到巨蜥？

巨蜥是非洲部分区域、亚洲和澳大利亚的本土动物，后被引进美洲的部分地区。

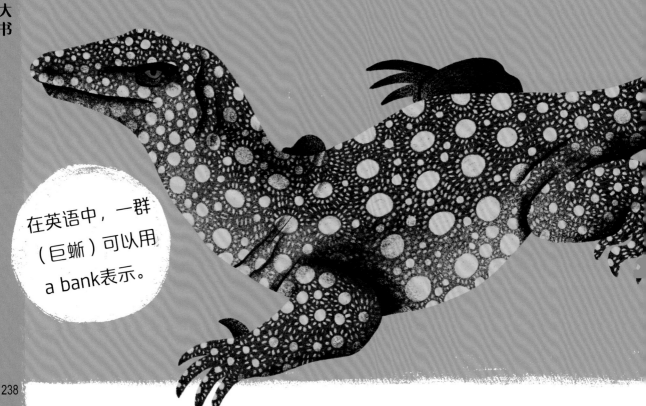

在英语中，一群（巨蜥）可以用 a bank 表示。

你在菜单上吗？

世界上生存着许多种类的巨蜥，它们对于美食有着自己的见解。

▶ 巨蜥的食物范围很广泛，小至蜘蛛、昆虫，大至水牛。

▶ 有些巨蜥的菜单中会混入植物，不过肉类依然是它们更为常见的主要食物。**碧塔塔瓦巨蜥**是个例外，除了奇怪的昆虫，它们几乎完全以水果为食。

▶ 在巨蜥眼中，蜗牛和动物的蛋都是美味的点心。它们强有力的牙齿能够毫不费力地咬碎外壳，再把这团黏糊糊的食物囫囵吞下，甚至无须吐壳。

▶ 许多巨蜥都会把猎物整只吞下。它们的颌部带有铰链，能够塞进庞大的食物。当食用极为巨大的动物时，巨蜥会把它撕成几块，分块进食。

▶ 同类相食在巨蜥身上时有发生。它们通常会以体型更小的同类为目标，但也有一些特别卖力的巨蜥会追捕体型比自己更大的同类。

▶ **科莫多巨蜥**的胃部十分巨大，而且它们有着与之相衬的超大胃口，一顿饭就能吃掉相当于自身体重80%的食物。这也是它们会追捕猪、水牛、山羊和鹿等大型猎物的原因。科莫多巨蜥甚至还会吃掉在错误的时间出现在错误地点的人类！

我能借用你的巢穴吗？

许多巨蜥，比如**平原巨蜥**、**眼斑巨蜥**和**尼罗巨蜥**，它们会直接把卵产在白蚁丘中。巨蜥妈妈会挖开白蚁丘，产下巨蜥卵。但在产卵结束后，它们并不会把白蚁的巢穴再埋起来，这部分的工作还得白蚁自己完成。巨蜥卵在白蚁巢穴中是非常安全的，而且白蚁的日常活动还能让巨蜥卵保持温暖。

如果附近没有雄性，雌性**科莫多巨蜥**是能够自行产卵的，最终也能孵化出完全健康的巨蜥宝宝。奇怪的是，当雌性自行繁殖时，生出的宝宝均为雄性。

水中嬉戏

所有的巨蜥都是出色的游泳健将，包括那些生活在陆地上的巨蜥。许多巨蜥可以将鼻孔密封起来，这样在游泳的时候，就不会把水吸进鼻子了。巨蜥甚至还能在河床上行走。

我在这里很好

刺尾巨蜥在受到捕食者的骚扰时，有时会把尾巴挤入石头里，这样捕食者就无法移动它们了。

巨蜥有多大？

最大的巨蜥与最小的巨蜥之间，有着陆生动物中最大的体型差距。**科莫多巨蜥**是最大的巨蜥之一，体长超过3米，几乎是勒布朗·詹姆斯的身高的1.5倍。它们也是最重的巨蜥，体重可达150千克。**萨氏巨蜥**比科莫多巨蜥还要长，可达5米，不过体重却轻了许多。**吉沦巨蜥**是最小的巨蜥，有的仅有20厘米长，相当于半个保龄球瓶的长度。它们的体重通常在20克以内，比一只家鼠还要轻。

我和动物的小故事

我的朋友约翰在小时候上的是天主教男子学校。所有的老师都身穿黑色长袍，被称为修士。其中一位老师喜欢带着学生到林中漫步，但这位老师经常会迷路。有一天，约翰与同学们又和这位年长的老师在林中迷失了方向。老师喃喃自语着，试图找到回停车场的路。就在这时，一只硕大的澳洲巨蜥向老师冲了过去，爬上了他的黑袍子，并坐在了他的头上！巨蜥肯定是将老师误认为烧焦的树桩了。一时之间，男孩们不知道是该担心还是大笑。老师并没有受伤，但是他的样子一定滑稽极了！

准备开战

巨蜥经常会以后脚站立，以便更好地观察周围环境。这个与人类站姿类似的姿势能让它们看上去更具威慑力，它们也会使用这个姿势进行打斗。当两只巨蜥斗殴时，它们会弹跳站起，用胳膊环绕对方，看上去就像是在拥抱一样。但是不要被欺骗了！它们其实是在用力地捏掐对方。在"拥抱"时，两只巨蜥还会扭打啃咬，互相造成严重的伤害。

二手皮肤

虽然巨蜥比普通的爬行动物要大得多，但是它们依然会蜕皮。当新的皮肤生长出来时，它们就会蜕掉旧的皮肤。想象一下一张硕大的巨蜥皮肤是什么样子的吧，或许连你也能被装进去。

暴力、速度、势头

巨蜥是优异的猎手，它们的力量、速度和跟踪能力都极为出色。对了，它们还拥有有毒的唾液。

▶ 就算是体型稍小的巨蜥，它们的四肢也特别有力。体型较大的种类，比如**科莫多巨蜥**，它们的肌肉十分强壮，硕大的尾巴能直接将你绊倒。

▶ 巨蜥的舌头和蛇的一样呈分叉状，它们会快速地吞吐舌头，以从空气、土壤和水中探测猎物的踪迹。

▶ 和蛇的尖牙不同，巨蜥的数排尖牙呈锯齿状，能够撕开猎物的肉体，留下巨大的伤口。

▶ 所有巨蜥的唾液中都含有毒液，不过大多数巨蜥的毒液并不足以杀死一个人类，只会造成感染及疼痛。巨蜥的毒液会降低猎物的血压，让血液无法凝结，从而喷涌而出。巨蜥留下的裂口也会令血液更快地向外喷射。所以在"巨蜥凶杀案"中，毒液只是帮凶，失血过多才是主犯。

▶ 部分巨蜥，比如**尼罗巨蜥**与**澳洲巨蜥**，有时会联手从其他动物的巢穴中偷蛋，包括鳄鱼蛋。一只巨蜥负责声东击西，将动物妈妈引离巢穴，而另一只巨蜥就会趁机侵入巢中。得手后，两只同伙会悄悄碰头，一起享用蛋的盛宴。

▶ 有的巨蜥会主动出击，远距离捕杀猎物，但许多体型较大的巨蜥更喜欢埋伏猎物。巨蜥鳞状皮肤上的颜色与图案能让它们很好地隐蔽自己，等待发起突袭的那一刻。

词汇表

Algae 藻类

藻类是一个涵盖了多种有机体的大类群。大多数藻类为水生生物，有的藻类要用显微镜才能看见，而有的藻类（比如各种海藻）长得格外庞大。藻类既生活在咸水中，也生活在淡水中。

Atmosphere 大气层

大气层是星球周围的气体，借助星球的重力环绕于四周。地球的大气层是位于地球表面及宇宙边缘之间的一层薄薄的气体圈层。

Amphibian 两栖动物

两栖动物是生活在潮湿环境中的小型脊椎动物，包括蛙类、蝾螈（róng yuán）和鲵（ní）。

Apex Predator 顶级掠食者

顶级掠食者也被称为阿尔法掠食者或超级掠食者。它们位于食物链的顶端，这意味着它们无所畏惧，没有天敌。顶级掠食者在维持生态系统的平衡与健康中扮演了重要角色。

Atrophy 萎缩

萎缩指的是身体部位的日渐衰弱与退化。导致萎缩的原因有很多，包括身体部位不再被使用，或者缺乏营养。

Arboreal 树栖的

树栖动物是那些大部分时间都待在树上的动物。

Aquatic 水生的

水生动物是那些大部分时间都待在水里的动物。

Alpha Male/Female 阿尔法雄性/雌性

阿尔法是动物群体中最有权力的个体，也就是首领。阿尔法可以是雄性，也可以是雌性。有的动物群体中的首领为一对阿尔法，即雄性与雌性。一般来说，阿尔法会通过战胜前任阿尔法，取得首领地位。

Bacteria 细菌

细菌是微小的单细胞有机体，存在于许多地方，例如土壤里、空气中、水里，以及包括人类在内的动植物体表和体内。有的细菌对我们是有益的，而有的则会造成毁灭性的伤害。

Bioluminescence 生物发光

生物发光指的是生物活体发出光亮的现象，由动物体内的化学反应引起。生物发光有着多种用处，包括恐吓捕食者，寻找食物或者伴侣。

Blood Cells 血细胞

血液由血细胞和被称为血浆的液体组成。血细胞分为三种：一、吸收肺部氧气并将其传送至全身各处的红细胞；二、与疾病及感染做斗争的白细胞；三、促进凝血，使伤口愈合的血小板。

Canine 犬科动物

犬科动物是犬科的成员，包括狼、胡狼、非洲野犬、郊狼、狐狸、澳洲野犬和家养宠物狗。

Carbon Emissions 碳排放

燃烧含碳量丰富的化石燃料，会向空气中释放大量的碳元素。它们会与氧气结合，形成二氧化碳。长期以来，人们日益频繁地使用化石燃料，导致大气层中的碳含量急剧升高。

Cannibalism 同类相食

同类相食指的是食用同类的举动，已知超过1500种生物会捕食同类。有些物种只有在食物稀少时才会食用同类，而有些物种不论食物多少，都会发生同类相食的情况。

Carbon Dioxide 二氧化碳

二氧化碳是由一个碳原子（C）与两个氧原子（O_2）组成的化合物，是一种温室气体。也就是说，二氧化碳会将太阳的热度截留在地表附近，使其无法进入太空。过量的二氧化碳会导致地球温度过高，随着气象的变化，许多动植物都受到了负面的影响。这个过程被称为全球变暖，或者气候变化。

Carnivore/Carnivorous 食肉动物/食肉的

食肉动物是仅以或者主要以肉类为食物的动物，无论是直接捕食猎物，还是捡食动物的尸骸。

Carbon 碳

碳是一种化学元素，是动物与植物的基本构成要素之一，对于地球上所有生命体都是不可或缺的。所有的有机化合物都可以被认为是"碳基"的。碳元素能够与其他元素结合，形成新的化合物。

Cetaceans 鲸类动物

鲸类动物指的是包括鲸、鼠海豚和海豚在内的水生哺乳动物。许多鲸目动物生活在咸水中。

Cold-blooded and Warm-blooded animals 冷血和温血动物

温血动物，又称恒温动物，能够利用自身的新陈代谢产生适度的热量，从而将身体维持在合适的温度。冷血动物，又称变温动物，无法通过新陈代谢控制自身体温。在寒冷的季节里，它们的新陈代谢速度会随着体温的下降而下降，身体活动亦随之变得缓慢。恒温动物通常需要稳定的食物供给，新陈代谢才能不断地产生热量。而变温动物因为能够放缓身体机能，直至冬季结束，所以它们即使长时间不进食，往往也能存活下来。

Colony 种群

在动物学中，一个种群指的是一群生活在一起的同类动物或植物，它们通常依赖彼此存活。

Continents 大洲

大洲是一片广袤的陆地，通常包括数个国家。世界上共有7大洲：欧洲、亚洲、非洲、北美洲、南美洲、大洋洲和南极洲。

Crustaceans 甲壳动物

甲壳动物涵盖了各种各样的无脊椎动物，它们都长有触须以及坚硬的外骨骼。所有的甲壳动物都源于海洋，但有的（比如鼠妇）已经适应了陆地生活。甲壳动物包括虾、螃蟹、龙虾、小龙虾和磷虾。

Currents 洋流

洋流是指常年向一定方向流动的海水。有的洋流位于海水表面，而有的洋流则在海洋深处流动。会对洋流造成影响的因素包括风力、地球自转、温度、海水盐度差异以及月球引力。

Colonisation 定殖

在动物学中，定殖指的是动物或者植物迁移至新的栖息地并定居。

Deforestation 森林砍伐

森林砍伐对森林造成了永久性的毁坏。人们为了养殖牲口而将森林清理为牧场，或是为了搭建房屋、采集棕榈油等树木相关制品而砍伐树木。森林砍伐导致许多动物失去了栖息地，部分在森林中生存的动物甚至因此走向灭绝。树木能够吸收大气中的二氧化碳，而森林砍伐导致树木减少，这意味着我们的大气中将充斥着更多的温室气体。

Domesticated Species 驯化物种

驯化的物种是经过了人类的历代养殖，能够对人类产生用处的动物。人类驯养动物是为了将它们身上的某些部位（比如肉、皮肤、皮毛以及骨头），或者产出的东西（比如奶和蛋）用于食用、穿着或者装饰。人类通常也会将驯化动物用作劳动力，或者养作宠物。

Drought 干旱

干旱指的是在一个持久的时间段里，降雨量大大少于往常，或者完全没有降雨。干旱会使河流及湖泊干涸，让许多动物无水可用。干旱也会造成植物的死亡，这导致了动物的食物减少，以及栖息地的流失。干旱威胁着许多动物的生存环境，而气候变化正使得全世界范围内的旱情日益增多。

Echolocation 回声定位

回声定位就是利用回声及声波确定物体的方位。许多动物都会使用回声定位来捕猎和导航，比如海豚、鲸、蝙蝠以及部分鸟类。

Ecosystem 生态系统

生态系统是一个极为平衡的环境。生态系统的稳定与健康离不开其中所有生物（植物、动物以及其他有机体）及非生物（比如岩石和天气）的共同作用。

Exoskeleton 外骨骼

外骨骼是部分动物体外的、如甲壳般坚硬的覆盖层，能够为身体提供支撑及保护。所有的昆虫和甲壳动物都拥有外骨骼，也就是说它们的骨骼位于体外。而有的动物，比如海龟和陆龟，它们既拥有外骨骼（龟壳），也拥有内骨骼（体内的骨骼）。

Feline 猫科动物

猫科动物是猫科的成员，它们都是食肉的哺乳动物。猫科动物包括狮子、老虎以及家养宠物猫。

Feral Animals 野化动物

野化动物是被放归野外，在大自然中继续繁衍的驯化动物。比如说，野化的家猫、山羊、骆驼和狗。野化的动物通常会捕食野生动物，危及野生动物的生命。

Foraging 觅食

当动物在野外搜寻食物时，我们称之为觅食。

Fossil Fuels 化石燃料

化石燃料是埋在地下上百万年的植物及动物化石形成的。化石燃料包括石油、煤炭和天然气。

Fungi 真菌

真菌是一大类有机体，包括蘑菇、霉菌和白霉菌等。它们与动物的关系近于与植物的关系。真菌通过摄入有机质存活，它们能将活着及死去的有机质分解成分子，从中汲取能量并繁殖。

Greenhouse Gas Emissions 温室气体排放

温室气体会吸收地球向外

辐射的热量，并将其反弹回地球。它们会把热量困在大气层中，让热量无法释放入太空。主要的温室气体包括水蒸气、二氧化碳、甲烷和一氧化二氮。在所有的人类行为中，燃烧化石燃料是温室气体的最大来源。

Genes 基因

基因由脱氧核糖核酸（DNA）组成，正是它们让世界上的每一只动物都不一样。基因存在于动植物的细胞中，由父母传给子女。就人类来说，父母传给孩子的基因组合能够决定孩子的外表，比如眼睛和头发的颜色。

Herbivore/Herbivorous 食草动物/食草的

食草动物是仅以或者主要以植物为食物的动物。

Hunting 捕猎

动物的捕猎指的是杀害并食用其他动物的过程；人类的捕猎虽然也涉及杀害动物，但并不一定会将猎物用作食物。

Hibernation 冬眠

冬眠是部分温血动物，又称恒温动物，会经历的深度休眠。通常来说，动物会在食物不足，或者气温过低的情况下进入冬眠，也有的动物每年冬天都会冬眠。冬眠时，动物变得不再活跃，体温下降，新陈代谢放缓。

Hierarchy 等级制度

等级制度指的是动物群体中的权力结构。一只阿尔法动物或者一对阿尔法动物通常位于等级制度的顶端，群体中的其他成员虽然有着不同等级的权力，但都位于其下。欧米茄是位于等级制度最底端的群组成员。

Hormones 激素（荷尔蒙）

激素是动植物体内的化学物质，能够帮助所有的生物正常运转。植物体内的激素能够控制植物生长和开花结果；动物体内的激素能够向动物体的不同部位传送信息，使机体更好地运转。激素影响着机体的方方面面，包括生长、睡眠、体温、饥饿，还有很多很多。

Hyperphagia 食欲极旺

食欲极旺指的是胃口大增的状态，通常会导致较往常大得多的食量。许多动物在准备冬眠的时候（冬眠时，它们完全不会摄入食物），便会进入这样的状态。

Incubation 孵化

孵化指的是将蛋维持在合适的温度，让胚胎在蛋中生长的过程。不同的动物会以不同的方式孵蛋，比如说坐在蛋的上方，或者将蛋埋在沙子、泥土或者植物中。

Invertebrate 无脊椎动物

无脊椎动物没有脊骨，它们要么有着黏黏的如海绵般的身体（比如水母和蠕虫），要么长着外骨骼（比如昆虫和螃蟹）。

Keratin 角蛋白

角蛋白是一种强壮的纤维蛋白质，是构成头发、指甲、蹄、角、羽毛、最外层皮肤及鳞片等身体部位的主要物质。

Krill 磷虾

磷虾是体型极小的水游性甲壳动物，以浮游植物为食。浮游植物是一类微小的浮游生物，一般生长于海洋表面的附近。磷虾是上百种不同动物的主要食物，包括鱼类、鲸以及鸟类。

Larvae 幼体

在成长为最终的成年形态之前，许多动物以幼体的形态开启了一生。幼体的外观通常和它们的父母完全不一样，所需的生存条件也有着很大差异。比如说，青蛙的幼体是蝌蚪，蝴蝶的幼体则是毛毛虫。

Metabolism 新陈代谢

新陈代谢指的是有机体内为维持生命所产生的化学反应。代谢反应有很多种，其中最主要的包括释放能量和使用能量。比如说，动物吃下的食物会被新陈代谢所消化，并被转化为可用作能量释放的一种形态；动物可以使用能量来生长以及修复身体。

Marsupials 有袋类动物

有袋类动物是一类哺乳动物，大部分雌性有袋类动物都长有一个育儿袋。在幼崽很小的时候，妈妈会把幼崽放进育儿袋中，让它们在安全且温暖的地方继续成长发育。有的有袋类动物是食草的，有的是食肉的，还有一些是杂食动物。世界上大部分的有袋类动物都生活在澳大利亚和南美洲。

Megafauna 巨型动物

巨型动物通常指代更新世（最后一次冰河时期的末尾）的动物。这些体型更为庞大的动物是现代动物的祖先。不过，今天的一些动物种类也能被称为巨型动物，最常见的包括大象、犀牛、河马、长颈鹿、狮子、熊类和鲸类。

Membranes 膜

膜是一层薄薄的结构，存在于所有生物体内，比如动植物的细胞都包裹着一层薄膜。除了细胞膜外，膜还出现在很多地方。有的动物出生时，全身完全被膜包裹着，它们需要冲破这层薄膜，才能看见世界。有的动物眼皮下方长有一层保护膜，能够保护它们的眼睛。

Migration 迁徙

迁徙是从一个地方到另一个地方的运动。动物往往在每年的同一个时间进行迁徙。每种动物的迁徙理由各不相同，通常是为了寻觅食物更丰盛、气候更宜人的栖息地，或是前往能够寻找到伴侣并繁殖的地方。

Mammals 哺乳动物

哺乳动物是一类非常宽泛的动物分类。有的哺乳动物在地上走，有的在水里游，还有的在天上飞。它们可能是食肉动物，也可能是食草动物。不过，哺乳动物也有不少的共同点：它们都长有毛发，以乳汁喂养幼崽，而且都是温血动物。

Nocturnal 夜行性的

夜行性动物在夜间活动，白天休息。

Omnivore/Omnivorous 杂食动物/杂食的

杂食动物是以肉类和植物为食的动物。

Organism 有机体

有机体可以是动物、植物，或者单细胞生命形态。

Oxygen 氧气

氧气是我们呼吸的空气的组成部分。氧气的活跃度很高，这也意味着它能够轻易地与其他元素（比如碳元素）结合。动物依赖着氧气生存，它们吸入氧气，并使用氧气将营养转化为能量，而呼出的二氧化碳则为在这个过程中产生的废物。植物与动物是完美的共生关系，因为植物能够吸收二氧化碳，排出氧气。

Parasite 寄生虫

寄生虫是把家安在另一种生物体内或者体表的生物，而被寄生虫当作家的生物则称为宿主。寄生虫会从宿主身上获取食物、住处以及它生存所需的一切。

Pigment 色素

色素是存在于动物组织中的有色化学物质。有的动物会自主产生色素，有的动物的色素则源自它们的食物。

Pheromones 信息素

信息素是一种激素。部分动物会通过释放这种化学物质，与同类进行交流。释放信息素的目的有很多，包括吸引配偶，标记回家的路，标记寻找食物的路，甚至也可用作警告信号。

Pectines 栉状器

许多动物身上都长有栉状器，这是一种像梳子一样的结构。栉状器有许多不同的用处，包括梳毛、过滤食物，以及用作感应器官，感知周围的环境。

Plankton 浮游生物

浮游生物是浮游于海洋及其他水体的小型生物，包括植物和动物。浮游生物是许多动物的主要食物来源。部分种类的浮游生物能够将氧气释放入大气层，这有着至关重要的作用。

Poaching 盗猎

动物盗猎指的是非法捕捉及杀害动物。

Pollination 授粉

通过授粉，植物才能繁殖，以结成果实。在授粉的过程中，花粉从花朵的雄性部位（花药）移动至雌性部位（柱头）。有的植物可以自花授粉，也就是说，花粉在同一朵花中进行传授，或者在同株异花间进行传授。另一种授粉方式是异花授粉，意味着花粉由一株植物移动至另一株植物。风力与水流均可以促进花粉的传播，不过

许多植物都依靠"传粉者"授粉，传粉者包括鸟类和昆虫。

Pollution 污染

污染是指将有害的材料或者物质带入环境中。三种主要的污染源为水污染、空气污染及土地污染。污染物包括海洋中的塑料微粒、大气中的温室气体，以及农业中使用的杀虫剂。

Predator 捕食者

在动物学中，捕食者通常指的是猎杀其他动物为食的动物。寄生虫也是一种捕食者，它们对于维持生态系统的平衡非常重要。

Prehensile 适于抓握的

适于抓握的身体部位可以抓握东西，许多身体部位都适于抓握，包括尾巴、鼻子、手和脚。

Proboscis 长鼻/长形口器

长鼻/长形口器指的是长而灵活的鼻子或者摄食器官。许多昆虫都使用长形口器进食，比如部分飞蛾和蝴蝶。有的大型动物也有长鼻，比如大象和沟齿鼩。

Sanctuary 保护区

野生动物保护区是一个经过精心设计的环境。濒危的野生动物被送往保护区，避免受

到如盗猎等来自人类的危害。合适的保护区应尽可能地与动物的自然栖息地类似，拥有相应的气候及相应的动植物。

Terrestrial 陆生的

陆生动物是那些大部分时间都待在陆地上的动物。

Territory 领地

动物所生活的陆地或水域被称为动物的领地。动物会宣称这块区域为它所有，并会抵御入侵者。

Tide 潮汐

潮汐是海洋周期性的涨落现象。地球自转、太阳引力和月球引力都会导致潮水的变化。

Vertebrate 脊椎动物

脊椎动物拥有脊椎，体内长有发育完善的骨骼。

Wild Species 野生物种

野生动物指的是进化过程中没有人类的干预，生息繁衍均独立于人类的动物。

索
引

致谢

我要向简·诺瓦克（Jane Novak）致以谢意，是她向我提议了这个项目。还有哈迪·格兰特·埃格蒙特（Hardie Grant Egmont）出版社的出色团队，尤其是艾拉·米芙（Ella Meave），没有他们的贡献，这本书永远不会面世。感谢萨姆·考德威尔（Sam Caldwell）的精美插画，感谢普加·德赛（Pooja Desai）与克丽丝蒂·伦德-怀特（Kristy Lund-White）的华丽设计。我对我的妻子凯特·霍尔顿（Kate Holden）及我们的儿子科尔比（Coleby）充满了感激之情。在写这本书的过程中，我陪伴他们的时间少之又少。还有许多同事为我提供了信息支持，尤为感谢克里斯·黑尔根（Kris Helgen）和路易吉·博伊塔尼（Luigi Boitani）。